职业教育省级示范教学改革成果系列教材

数控加工工艺与编程

主　编　丰　飞　杨　龙

副主编　林冰香　赖文辉　翟培明

参　编　黄春耀　董金进　陈智鹏

　　　　赖永芳　丘友青

西安电子科技大学出版社

内 容 简 介

全书共分为八章。第一章为数控技术概述，介绍了数控机床产生、发展、组成、工作原理、分类、特点以及应用。第二章为数控机床的机械结构，详细介绍了数控机床的机械机构特点、主传动系统和进给传动系统。第三章为数控加工编程基础，介绍了数控编程基础知识。第四章为数控加工工艺基础，介绍了数控工艺知识。第五章为数控铣床、加工中心的工艺与编程，全面介绍了数控铣床和加工中心的加工工艺及编程知识。第六章为数控车床的工艺与编程，全面介绍了数控车床的加工工艺和编程知识。第七章为宏程序的应用，详细介绍了宏程序的编程方法。第八章为职业技能鉴定实操试题，列举了典型的数控车中级工、数控铣中级工、数控车高级工及数控铣高级工试题。

本书通俗易懂，内容全面，适用性强，可供数控专业学生及普通使用者系统学习数控工艺和编程知识使用。

图书在版编目(CIP)数据

数控加工工艺与编程/丰飞，杨龙主编. 一西安：西安电子科技大学出版社，2020.6(2022.7 重印)

ISBN 978 - 7 - 5606 - 5672 - 4

Ⅰ.① 数… Ⅱ.① 丰… ② 杨… Ⅲ.① 数控机床－加工工艺－高等职业教育－教材 ② 数控机床－程序设计－高等职业教育－教材 Ⅳ.① TG659

中国版本图书馆 CIP 数据核字(2020)第 082452 号

策　　划　李伟
责任编辑　张玮
出版发行　西安电子科技大学出版社(西安市太白南路 2 号)
电　　话　(029)88202421　88201467　　邮　　编　710071
网　　址　www.xduph.com　　电子邮箱　xdupfxb001@163.com
经　　销　新华书店
印刷单位　陕西天意印务有限责任公司
版　　次　2020 年 6 月第 1 版　2022 年 7 月第 2 次印刷
开　　本　787 毫米×1092 毫米　1/16　印张 10.25
字　　数　240 千字
印　　数　2001～3000 册
定　　价　29.00 元
ISBN 978 - 7 - 5606 - 5672 - 4/TG

XDUP 5974001 - 2

前　言

为了更好地适应数控加工类专业的教学要求，全面提升教学质量，在充分调研企业生产和学校教学实际情况的基础上，结合数控专业职业技能鉴定的考核要求，我们编写了这本书。

本书面向生产一线所需要的数控应用型技能人才的培养需求，突出了实践性，从实用性角度出发，既注重数控工艺知识的介绍，又强化编程能力的培养，使得学生不仅能全面了解数控机床的机构，掌握数控加工工艺规程，还能灵活地编写数控机床加工程序，并自己动手加工出合格的工件。本书还列举了数控车中级工、数控铣中级工、数控车高级工及数控铣高级工的职业技能鉴定实操试题，并对每个试题的工艺要点进行了分析，试题中列出的工件质量评分表方便学生进行工件检测及评价。

本书由丰飞、杨龙任主编，林冰香、赖文辉和翟培明任副主编，参与编写的还有黄春耀、董金进、陈智鹏、赖永芳、丘友青等。

本书是2018年度福建省职业技术教育中心职业教育教学改革研究课题成果，课题名称：数控车加工技术预备技师培养一体化课程改革研究(项目编号：ZB2018072)。

由于编者水平有限，书中难免有不妥之处，敬请读者批评指正。

编　者

2020年3月

目　　录

第一章　数控技术概述 …… 1
第一节　数控机床的产生与发展及先进制造系统 …… 1
第二节　数控机床的组成与工作原理 …… 4
第三节　数控机床的分类、特点及应用 …… 5
第二章　数控机床的机械结构 …… 9
第一节　数控机床机械结构特点 …… 9
第二节　数控机床主传动系统 …… 11
第三节　数控机床进给传动系统 …… 14
第三章　数控加工编程基础 …… 19
第一节　数控机床坐标系 …… 19
第二节　数控加工程序的格式与编程方法 …… 22
第三节　常用的数控指令 …… 24
第四章　数控加工工艺基础 …… 30
第一节　数控机床刀具 …… 30
第二节　加工方法的选择与工序编排原则 …… 35
第三节　工件的装夹与加工路线的确定 …… 39
第四节　切削用量的选择和加工余量的确定 …… 40
第五章　数控铣床、加工中心的工艺与编程 …… 42
第一节　数控铣床与加工中心概述 …… 42
第二节　铣削运动与铣削用量 …… 43
第三节　铣床加工中的刀具补偿 …… 44
第四节　孔加工固定循环 …… 47
第五节　子程序与高级编程方法 …… 57
第六节　加工中心的换刀 …… 62
第七节　数控铣床编程综合实例 …… 64
第六章　数控车床的工艺与编程 …… 79
第一节　数控车床加工概述 …… 79
第二节　数控车床加工工艺分析 …… 83
第三节　数控车床的循环指令 …… 85
第四节　数控车床编程综合实例 …… 103

第七章　宏程序的应用 …… 115
第一节　宏程序概述 …… 115
第二节　变量 …… 115
第三节　循环与转移 …… 118
第四节　宏程序的调用 …… 121
第五节　宏程序应用实例 …… 122
第八章　职业技能鉴定实操试题 …… 128
第一节　数控车中级工试题 …… 128
第二节　数控铣中级工试题 …… 134
第三节　数控车高级工试题 …… 139
第四节　数控铣高级工试题 …… 146
参考文献 …… 158

第一章　数控技术概述

第一节　数控机床的产生与发展及先进制造系统

一、数控机床的产生

数控是数字化控制(NC，Numerical Control)的简称，是指用数字化信息对某一对象进行控制的技术。控制的对象可以是位移、角度、速度、温度、压力、流量、声音等。采用了数字控制的机床称为数控机床。

随着多品种、小批量的生产越来越多，产品形状越来越复杂，同时精度要求高，且需要经常改动。这些特点决定了必须实现加工过程的自动化和智能化，迫切需要一种灵活的、通用的、能够适应产品频繁变化的柔性自动化机床。数控机床正是在这种背景下诞生和发展起来的，其加工过程中的各种操作和步骤以及工件的形状尺寸都是用数字化的代码表示，通过信息载体送到数控装置中，经处理和运算，发出各种控制信号，控制机床的伺服系统和其他各种元件，实现数字化控制的自动加工。它为复杂、精密、小批量、多品种的零件加工提供了自动化加工手段。

二、数控机床的发展

1. 数控机床的发展历程

数控机床的发展与数控系统的发展密切相关。自世界上第一台数控机床于1952年由美国麻省理工学院研制成功以来，数控系统经历了两个阶段共六代的发展。

1) 数控阶段(1952—1970年)

第一代数控：1952—1959年，采用了电子管元件构成的专用NC装置。

第二代数控：1959—1964年，采用了晶体管电路的NC装置。

第三代数控：1965—1970年，采用了中小规模集成电路的NC装置。

2) 计算机数控阶段(1970年至今)

第四代数控：1970—1974年，采用大规模集成电路的小型通用计算机数控(CNC，Computer Numerical Control)。

第五代数控：1974—1990年，微处理器和半导体存储器应用于数控系统(MNC，Micro (CPU)NC)。

第六代数控：1990年以后，个人计算机(PC，Personal Computer)的性能已发展到很高的阶段，可满足作为数控系统核心部件的要求，数控系统从此进入了基于PC时代。

2. 数控技术的发展趋势

随着国际上计算机技术突飞猛进的发展，数控技术不断采用计算机、控制理论等领域的最新技术成就，其发展速度日新月异，应用领域也日趋扩大。总的发展趋势是朝着运行高速化、加工高精度化、功能复合化、控制智能化、体系开放化、驱动并联化和交互网络化等方向发展，以满足社会生产发展中的各种需要。

1）运行高速化、加工高精度化

速度和精度是数控设备的两个重要指标，也是数控技术永恒追求的目标。因为它直接关系到加工效率和产品质量。新一代数控设备在运行高速化、进给率高速化、主轴高速化、高换刀速度、加工高精度化等方面都有了更高的要求。

(1) 运行高速化：进给率、主轴转速、刀具交换速度、托盘交换速度实现高速化，并且具有高加(减)速率。

(2) 进给率高化：在分辨率为 1 μm 时，最大进给速度 F_{max} = 240 m/min，在 F_{max} 下可获得复杂型面的精确加工。

(3) 主轴高速化：采用电主轴(内装式主轴电机)，即主轴电机的转子轴就是主轴部件，主轴最高转速达 200 000 r/min。轴转速的最高加(减)速为 1.0g，即仅需 1.8 s 即可从 0 提速到 15 000 r/min。

(4) 高换刀速度：0.9 s(刀到刀)，2.8 s(切削到切削)，工作台(托盘)交换时间为 6.3 s。

(5) 加工高精度化：提高机械设备的制造和装配精度；提高数控系统的控制精度；采用误差补偿技术。

计算机技术的不断进步，促进了数控技术水平的提高，数控装置、进给伺服驱动装置和主轴伺服驱动装置的性能也随之提高，现代的数控设备在新的技术水平下，可同时具备运行高速化、加工高精化的性能。

2）功能复合化

复合化是指在一台设备上能实现多种工艺手段加工的方法。如常见的复合设备有：镗铣钻复合——加工中心(具有自动刀具交换系统(ATC))、五面加工中心(具有 ATC 和主轴立卧转换功能)；车铣复合——车削中心(具有 ATC 和动力刀头)；铣镗钻车复合——复合加工中心(具有 ATC 和可自动装卸车刀架)；铣镗钻磨复合——复合加工中心(具有 ATC 和动力磨头)；可更换主轴箱的数控机床——组合加工中心等。

3）控制智能化

随着人工智能技术的不断发展，并为满足制造业生产柔性化、制造自动化发展需求，数控技术智能化程度不断提高，具体体现在以下几个方面：

(1) 加工过程自适应控制技术。通过监测加工过程中的切削力、主轴和进给电机的功率、电流、电压等信息，利用传统的或现代的算法进行识别，以辨识出刀具的受力、磨损以及破损状态，机床加工的稳定性状态；并根据这些状态实时修调加工参数(主轴转速，进给速度)和加工指令，使设备处于最佳运行状态，以提高加工精度、降低工件表面粗糙度以及提高设备运行的安全性。

(2) 加工参数的智能优化与选择。将工艺专家或技工的经验、零件加工的一般与特殊规律，用现代智能方法，构造基于专家系统或基于模型的“加工参数的智能优化与选择器”，利用它获得优化的加工参数，从而达到提高编程效率和加工工艺水平，缩短生产准备时间的目的。

4）体系开放化

开放式数控系统是指具有在不同的工作平台上均能实现系统功能且可以与其他的系统应用进行互操作的系统。

开放式数控系统的特点：系统构件（软件和硬件）具有标准化（Standardization）、多样化（Diversification）和互换性（Interchangeability）的特征，允许通过对构件的增减来构造系统，实现系统“积木式”的集成，且构造应该是可移植的和透明的。

5）驱动并联化

并联加工中心（又称6条腿数控机床、虚拟轴机床）是数控机床在结构上取得的重大突破，它具有以下特点：

（1）并联结构机床是现代机器人与传统加工技术相结合的产物。

（2）由于它没有传统机床所必需的床身、立柱、导轨等制约机床性能提高的结构，因此具有现代机器人的模块化程度高、重量轻和速度快等优点。

并联机床具有许多传统机床所无法比拟的卓越性能，它作为一种新型的加工设备，已成为当前机床技术的一个重要研究方向，并且受到了国际机床行业的高度重视。在近几年的国际知名机床博览会上，一些世界著名的机床厂商都展出了他们研制的并联机床，得到了行家们的高度评价，被认为是“自发明数控技术以来在机床行业中最有意义的进步”“21世纪新一代数控加工设备”。

6）网络化

数控系统支持网络通信协议，既能满足单机需要，又能满足FMC（柔性制造单元）、FMS（柔性制造系统）、CIMS（计算机集成制造系统）对基层设备的集成要求，该系统是形成“全球制造”的基础单元。

三、常见的数控系统及先进制造系统

1. 常见的数控系统

国内比较常见的数控系统有广州数控、北京凯恩帝数控、华中数控、成都广泰、深圳众为兴、南京华兴等；国外用的比较多的有日本法那克（FANUC）、德国西门子（SIEMENS）、德国德马吉（DMG）、日本三菱、美国哈斯（HAAS）等。

2. 先进制造系统

先进制造系统（AMS，Advanced Manufacturing System）是指在时间、质量、成本、服务和环境诸方面，能够很好地满足市场需求，采用先进制造技术和先进制造模式，协调运行，获取系统资源投入的最大增值，具有良好的社会效益，达到整体最优的制造系统。常见的先进制造系统有：

（1）柔性制造单元（FMC，Flexible Manufacturing Cell）：由一台或几台数控机床或加工中心构成的最小加工单元，是独立使用的加工设备，又可以作为柔性制造系统或柔性生产线的基本组成部分。该单元根据需要可以自动更换刀具和夹具，加工不同的工件。

（2）柔性制造系统（FMS，Flexible Manufacturing System）：由统一的信息控制系统、物料储运系统和一组数字控制加工设备组成的，能适应加工对象变换的自动化机械制造系统。它将一组按次序排列的机器，由自动装卸及传送机器连接并经计算机系统集成为一体，原材料和待加工零件在零件传输系统上装卸，零件在一台机器上加工完毕后传到下一台机器，每台机器接受操作指令，自动装卸所需工具，无需人工参与。

(3) 计算机集成制造系统（CIMS,Computer Integrated Manufacturing System)是随着计算机辅助设计与制造的发展而产生的。它是在信息技术、自动化技术的基础上，通过计算机技术把分散在产品设计制造过程中各种孤立的自动化子系统有机地集成起来，形成适用于多品种、小批量生产，实现整体效益的集成化和智能化制造系统。

第二节 数控机床的组成与工作原理

一、数控机床的组成

数控机床一般由输入/输出设备、计算机数控装置、伺服系统、检测反馈装置和机床本体组成，如图 1-1 所示。

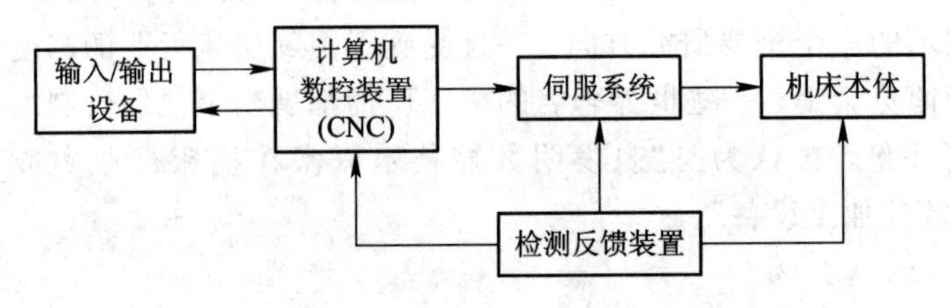

图 1-1 数控机床的组成

1. 输入/输出设备

输入/输出设备也叫人机交互系统，是操作者与机床之间建立联系的桥梁。数控机床可采用操作面板上的按钮和键盘直接将加工程序及其他参数通过手工输入数控系统，也可以通过机床的串行接口将加工程序、参数等从电脑或存储器传入到数控系统中，还可以通过串行接口将程序、参数等从机床上传回到电脑或存储器中。

2. 计算机数控装置

数控装置是数控机床的核心，它的作用是接收输入设备输入的加工信息，并对信息进行运算和处理，转变成脉冲信号，发送给伺服系统或可编程控制器。目前数控装置一般使用微处理器，以程序化的软件形式实现数控功能。

3. 伺服系统

伺服系统是数控机床的执行部件，包括电动机、速度控制单元、位置控制单元等部分。伺服系统将数控系统发来的各种运动指令转换成机床移动部件的运动。伺服系统直接决定刀具和工件的相对位置，所以伺服系统的性能是决定机床加工精度和生产率的主要因素之一。

4. 检测反馈装置

检测反馈装置的作用是将机床的实际位置、速度等参数检测出来，转变成电信号后传输给数控装置，然后通过比较、核对机床的实际位置与指定的位置是否一致，并根据误差由数控装置发出修正指令。常用的检测反馈装置有光栅、磁栅、感应同步器、旋转变压器等。

5. 机床本体

机床本体是完成各种切削加工的机械部分，主要包括床身、底座、立柱、横梁、工作台、主轴箱、进给机构、刀架、换刀装置等。

二、数控机床的工作原理

数控机床的工作原理示意图如图 1-2 所示，首先根据被加工零件的图纸和工艺要求等确定零件的加工工艺，再通过手工编制或采用 CAM 软件自动生成零件的加工程序，然后通过输入/输出设备将这些程序传输到数控装置中。进入数控装置的信息经一系列的运算和处理转变成脉冲信号，有的脉冲信号被传送到机床伺服系统中，经传动装置驱动机床有关部件运动；有的脉冲信号被传送到可编程控制器中，按顺序控制机床的其他辅助动作，如工件的夹紧、松开，切削液的开、关，刀具的自动更换等。两部分动作协调进行，完成零件的加工。在此过程中，检测反馈装置可实时对位置、速度等参数进行检测反馈。

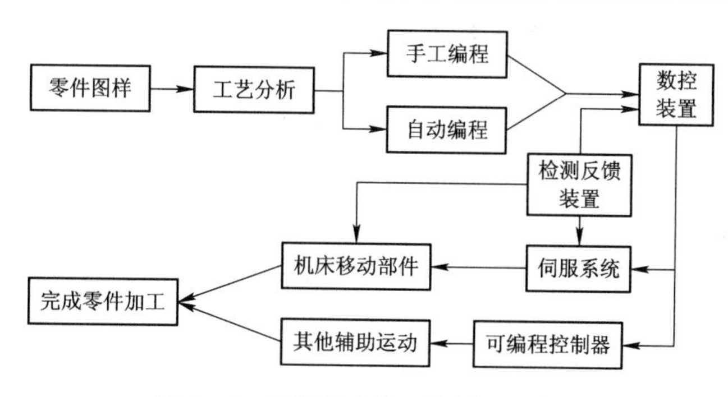

图 1-2　数控机床的工作原理示意图

第三节　数控机床的分类、特点及应用

一、数控机床的分类

按照不同的标准，数控机床的分类主要有以下几种：

1. 按加工方式分类

1）金属切削类机床

此类机床有数控车床、数控铣床、数控钻床、数控磨床、数控镗床、加工中心等。

2）金属成型类机床

此类机床有数控折弯机、数控弯管机等。

3）特种加工数控机床

此类机床有数控电火花成型机床、数控电火花线切割机床、数控激光切割机等。

2. 按控制系统功能分类

1）点位控制数控机床

如图 1-3(a)所示，点位控制(Positioning Control)数控机床只控制刀具从一点到另一点的准确位置，而不控制运动轨迹，各坐标轴之间的运动是不相关的，在移动过程中不对工件进行加工。这类数控机床主要有数控钻床、数控坐标镗床、数控冲床等。

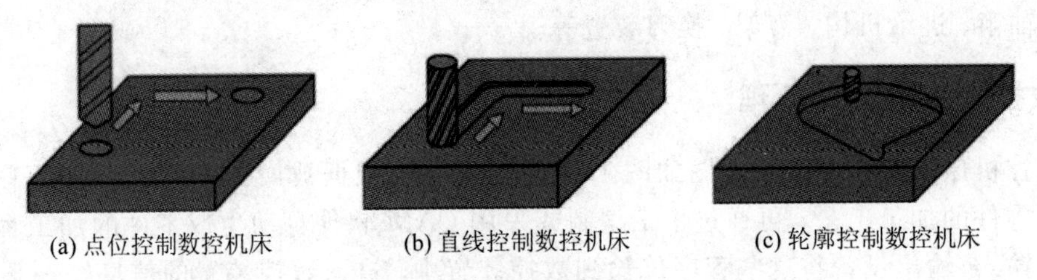
(a) 点位控制数控机床　(b) 直线控制数控机床　(c) 轮廓控制数控机床

图 1-3　按控制系统功能分类

2）直线控制数控机床

如图 1-3(b)所示，直线控制(Contouring Control)数控机床可控制刀具或工作台以适当的进给速度，沿着平行于坐标轴的方向进行直线移动和切削加工，进给速度根据切削条件可在一定范围内变化。直线控制的简易数控车床只有两个坐标轴，可加工阶梯轴。直线控制的简易数控铣床有三个坐标轴，可用于平面的铣削加工。现代组合机床采用数控进给伺服系统，驱动动力头带有多轴箱的轴向进给，可进行钻镗加工，它也可算是一种直线控制数控机床。

3）轮廓控制数控机床

如图 1-3(c)所示，轮廓控制(Contouring Control)数控机床能够对两个或两个以上的运动坐标的位移和速度同时进行连续相关的控制，它不仅要控制机床移动部件的起点与终点坐标，而且要控制整个加工过程每一点的速度、方向和位移量，也称为连续控制数控机床。这类数控机床主要有数控车床、数控铣床、数控线切割机床、加工中心等。

3. 按伺服控制方式分类

1）开环控制数控机床

如图 1-4 所示，开环控制(Open Loop Control)数控机床不带检测反馈装置，驱动装置一般采用步进电机。机床的工作精度取决于步进电机的转动精度及变速机构、丝杠等机械传动部件的精度。

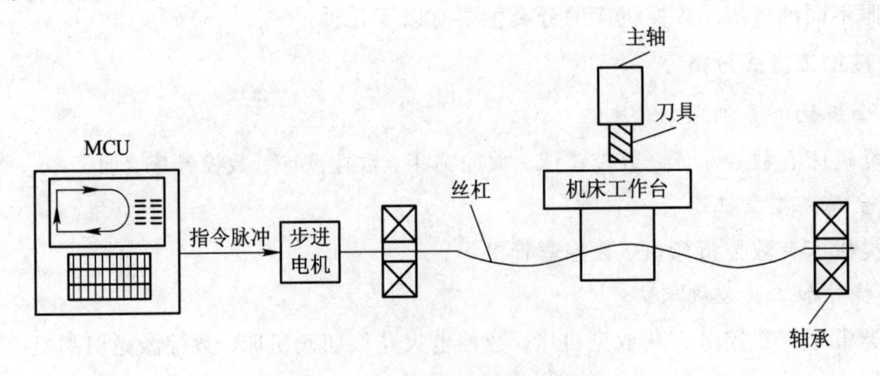

图 1-4　开环控制系统框图

开环控制数控机床结构简单，工作比较稳定，调试维修也比较方便，但精度低，多用于经济性数控机床。

2）半闭环控制数控机床

如图 1-5 所示，半闭环控制（Semi-Close Loop Control）数控机床带有检测反馈装置，将检测反馈装置安装在伺服电机或丝杠轴端，检测它们的角位移（转角）和转速并反馈到数控装置，但不检测机床移动部件的传动误差。

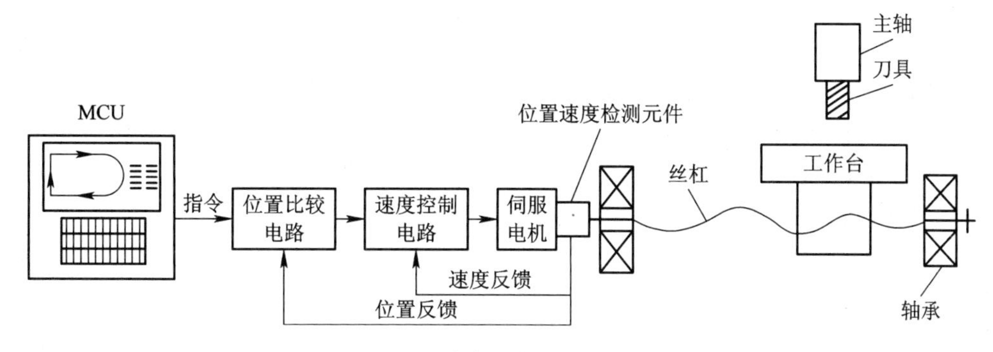

图 1-5　半闭环控制系统框图

3）闭环控制数控机床

如图 1-6 所示，闭环控制（Close Loop Control）数控机床带有检测反馈装置，将检测反馈装置安装在机床工作台上，检测机床移动部件的传动误差并反馈给数控装置。

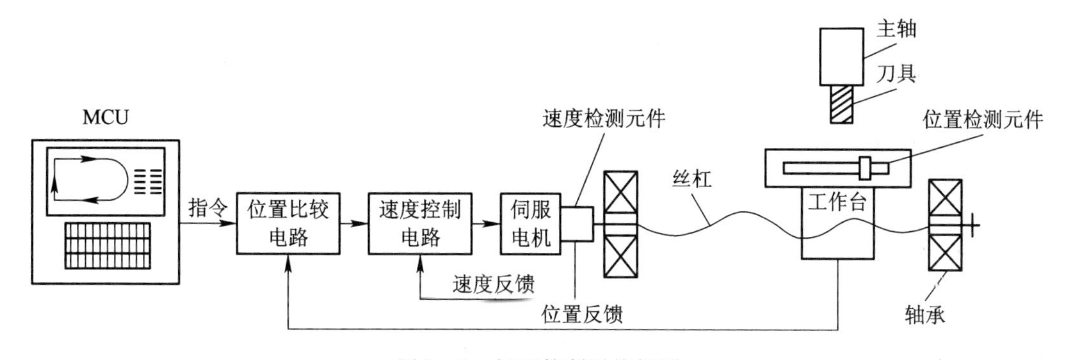

图 1-6　闭环控制系统框图

闭环控制数控机床从传动链末端进行检测反馈，加工精度高，但结构复杂，造价高，调试维修困难。

二、数控机床的特点

数控机床是一种机电一体化的高效自动机床，具有以下特点：

（1）加工精度高。数控机床是按数字形式给出的指令进行加工的。目前数控机床的脉冲当量普遍达到了 1 μm，而且进给传动链的反向间隙与丝杠螺距误差等均可由数控装置进行补偿，因此，数控机床能达到很高的加工精度。

（2）对加工对象的适应性强。数控机床上改变加工零件时，只需重新编制程序，输入新的程序就能实现对新零件的加工，这就为复杂结构的单件、小批量生产以及试制新产品提供了极大的便利。对那些手工操作的普通机床很难加工或无法加工的精密复杂零件，数控机床也能实现自动加工。

(3) 自动化程度高，劳动强度低。数控机床对零件的加工是按预先编好的程序自动完成的，操作者除了编制并输入程序、装卸工件、对关键工序的中间检测以及观察机床运行之外，不需要进行复杂的重复性手工操作，劳动强度与紧张程度均可大为减轻，加上数控机床一般有较好的安全防护、自动排屑、自动冷却和自动润滑装置，操作者的劳动条件也大为改善。

(4) 生产效率高。零件加工所需的时间主要包括机动时间和辅助时间两部分。数控机床主轴的转速和进给量的变化范围比普通机床广，因此数控机床的每一道工序都可选用最有利的切削用量。由于数控机床的结构刚性好，因此，允许进行大切削量的强力切削，这就提高了切削效率，节省了机动时间。因为数控机床移动部件的空行程运动速度快，所以工件的装夹时间、辅助时间也比一般机床少。

数控机床更换被加工零件时几乎不需要重新调整机床，故节省了零件安装调整时间。数控机床加工质量稳定，一般只做首件检验和工序间关键尺寸的抽样检验，因此节省了停机检验时间。当在加工中心上进行加工时，一台机床实现了多道工序的连续加工，生产效率的提高更为明显。

(5) 经济效益良好。数控机床虽然价值昂贵，加工时分到每个零件上的设备折旧费高，但是在单件、小批量生产的情况下：

① 使用数控机床加工，可节省划线工时，减少调整、加工和检验时间，节省了直接生产费用。

② 使用数控机床加工零件一般不需要制作专用夹具，节省了工艺装备费用。

③ 数控加工精度稳定，减少了废品率，使生产成本进一步下降。

④ 数控机床可实现一机多用，节省厂房面积，节省建厂投资。因此，使用数控机床可获得良好的经济效益。

三、数控机床的应用

数控机床有普通机床所不具备的许多优点。其应用范围正在不断扩大，但它并不能完全代替普通机床，也还不能以最经济的方式解决机械加工中的所有问题。数控机床最适合加工具有以下特点的零件：

(1) 多品种、小批量生产的零件。

(2) 形状结构比较复杂的零件。

(3) 需要频繁改型的零件。

(4) 价值昂贵、不允许报废的关键零件。

(5) 设计制造周期短的急需零件。

(6) 批量较大、精度要求较高的零件。

第二章　数控机床的机械结构

第一节　数控机床机械结构特点

一、数控机床机械结构的组成

数控机床在加工工件的过程中完全按照预先编好的程序进行，为了满足长时间稳定可靠的重复加工，要求数控机床具有刚度高、灵敏度高、抗震性好及热变形小等特点，并能高精度、高可靠性地工作。随着数控系统和伺服系统的发展，为适应高效率生产的需求，数控机床已形成了独特的机械结构，主要由以下几部分组成：

（1）机床基础部件：包括床身、立柱、导轨、工作台等。基础部件的作用是支承机床的各主要部件，并使它们在静止或运动中保持相对正确的位置。

（2）主传动系统：包括动力源、传动件及主运动执行件——主轴等。主转动系统的作用是将驱动装置的运动及动力传给执行件，实现主切削运动。

（3）进给传动系统：包括动力源、传动件及进给运动执行件——工作台、刀架等。进给传动系统的作用是将伺服驱动装置的运动和动力传给执行件，实现进给运动。

（4）辅助装置：包括自动换刀装置、液压气动系统、润滑冷却装置等。

（5）实现工件回转、分度定位的装置和附件，如回转工作台。

（6）刀库、刀架和自动换刀装置(ATC)。

（7）自动托盘交换装置(APC)。

（8）特殊功能装置：如刀具破损检测、精度检测和监控装置等。

其中，机床基础部件、主传动系统、进给传动系统以及液压、润滑、冷却等辅助装置是构成数控机床的机床本体的基本部件，是必需的；其他部件则按数控机床的功能和需要选用。尽管数控机床的机床本体的基本构成与传统的机床十分相似，但由于数控机床在功能和性能上的要求与传统机床存在着巨大的差距，所以数控机床的机床本体在总体布局、结构、性能上与传统机床有许多明显的差异，出现了许多适应数控机床功能特点的完全新颖的机械结构和部件。

二、数控机床机械结构的特点

1. 较高的静、动刚度和良好的抗震性

机床的刚度反映了机床机构抵抗变形的能力。机床变形产生的误差，通常很难通过调整和补偿的方法予以彻底的解决。为了满足数控机床高效、高精度、高可靠性以及自动化的要求，与普通机床相比，数控机床应具有更高的静刚度。此外，为了充分发挥机床的效率，加大切削用量，还必须提高机床的抗震性，避免切削时产生的共振和颤振，而提高机

构的动刚度是提高机床抗震性的基本途径。

2. 较好的热稳定性

机床的热变形是影响机床加工精度的主要因素之一。由于数控机床的主轴转速、快速进给速度都远远超过普通机床，机床又长时间处于连续工作状态，电动机、丝杠、轴承、导轨的发热都比较严重，加上高速切削产生的切屑的影响，使得数控机床的热变形影响比普通机床要严重得多。虽然先进的数控系统具有热变形补偿功能，但是它并不能完全消除热变形对于加工精度的影响，在数控机床上还应采取必要的措施，尽可能减小机床的热变形。

3. 较高的灵敏度、运动精度和良好的低速稳定性

利用伺服系统代替普通机床的进给系统是数控机床的主要特点。伺服系统最小的移动量(脉冲当量)一般只有 0.001 mm，甚至更小；最低进给速度一般只有 1 mm/min，甚至更低。这就要求进给系统具有较高的运动精度、良好的跟踪性能和低速稳定性，才能对数控系统的位置指令做出迅速而准确的响应，从而得到要求的定位精度。

4. 良好的操作、安全防护性能

方便、舒适的操作性能是操作者普遍关心的问题。在大部分数控机床上，刀具和工件的装卸、刀具和夹具的调整还需要操作者完成，机床的维修更离不开人，而且由于加工效率的提高，数控机床的工件装卸可能比普通机床更加频繁，因此良好的操作性能是数控机床设计时必须考虑的问题。数控机床是一种高度自动化的加工设备，动作复杂，高速运动部件较多，对机床动作互锁、安全防护性能的要求也比普通机床要高很多。同时，数控机床一般都有高压、大流量的冷却系统，为了防止切屑、冷却液的飞溅，数控机床通常都应采用封闭和半封闭的防护形式，增加防护性能。

三、提高数控机床性能的措施

1. 合理选择数控机床的总体布局

机床的总体布局直接影响到机床的结构和性能。合理选择机床布局，不但可以使机械结构更简单、合理、经济，而且能提高机床刚度、改善机床受力情况，提高热稳定性和操作性能，使机床满足数控化的要求。

2. 提高结构件的刚度

结构的刚度直接影响机床的精度和动态性能。机床的刚度主要取决于组成机械系统的部件质量、刚度、阻尼、固有频率以及负载激振频率等。提高机床结构刚度主要措施有：改善机械部分构件；利用平衡机构补偿部件变形；改善构件间的连接形式；缩短传动链，适当加大传动轴，对轴承和滚珠丝杠等传动部件进行预紧，等等。

3. 减小机床的热变形

引起机床热变形的主要原因是机床内部热源发热，摩擦以及切削产生的发热。减小机床热变形的措施主要有：采用伺服电动机和主轴电动机、变量泵等低能耗执行元件，减少热量的产生；简化传动系统的结构，减少传动齿轮、传动轴，采用低摩擦系数的导轨和轴承，减少摩擦发热；改善散热条件、增加隔热措施、对发热部件(如电柜、丝杆、油箱等)进行强制冷却，吸收热量，避免温升；采用对称结构设计，使部件均匀受热；对切削部分采用高压、大流量冷却系统冷却，等等。

4. 提高机床寿命和精度保持性

采用耐磨性好的零部件以及保证机床运动部件间具有良好的润滑，可提高机床寿命和精度保持性。

第二节　数控机床主传动系统

一、数控机床主传动系统的特点

主传动系统是数控机床的重要组成部分之一。在数控机床上，主轴夹持工件或刀具旋转，直接参加表面成形运动。主轴部件的刚度、精度、抗震性和热变形直接影响加工零件的精度和表面质量。主运动的转速高低及范围、传递功率大小和动力特性，决定了数控机床的切削加工效率和加工工艺能力。数控机床的主传动系统具有以下特点：

（1）主轴转速高、调速范围广并实现无级调速。

（2）具有较高的精度与刚度，传递平稳，噪声低。

（3）具有良好的抗震性和热稳定性。

（4）在车削中心上，要求主轴具有C轴控制功能。

（5）在加工中心上，要求主轴具有高精度的准停功能。

（6）具有恒线速度切削控制功能。

二、数控机床主轴的变速方式

1. 带有变速齿轮的主轴传动

大中型数控机床较常采用如图2-1所示的配置方式，确保低速时有较大的扭矩，滑移齿轮的移位大多采用液压拨叉或直接由液压缸驱动齿轮来实现。

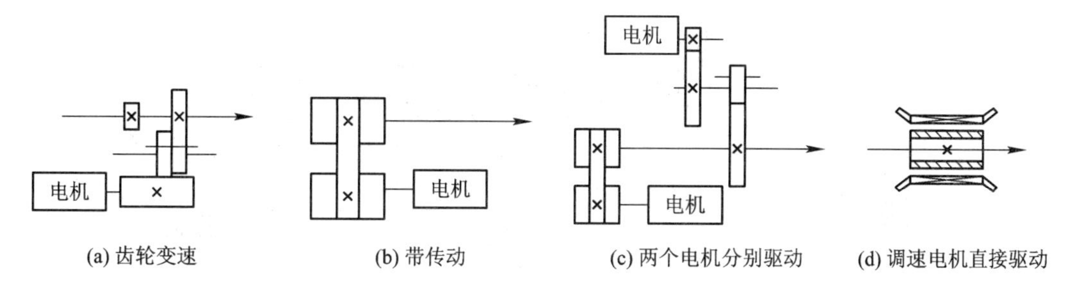

(a) 齿轮变速　(b) 带传动　(c) 两个电机分别驱动　(d) 调速电机直接驱动

图2-1　数控机床主传动的四种配置方式

2. 通过带传动的主轴传动

通过带传动的主轴传动主要用在转速较高、变速范围不大的小型数控机床上，可以避免由齿轮传动所引起的振动和噪声，适用于高速低转矩特性的主轴，常用带的结构形式有多楔带和同步齿形带，如图2-2所示。

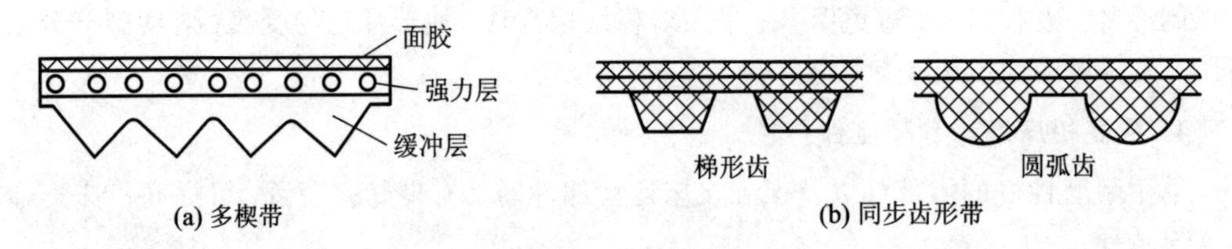

图 2－2　带的结构形式

3. 用两个电机分别驱动主轴传动

高速时，由一个电机通过带传动；低速时，由另一个电机通过齿轮传动，齿轮起到降速和扩大变速范围的作用，使恒功率区增大，扩大了变速范围，避免了低速时转矩不够且电机功率不能充分利用的问题，如图 2－3 所示。

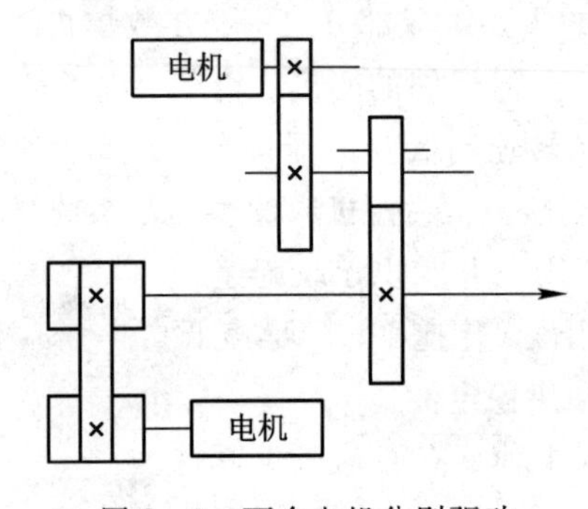

图 2－3　两个电机分别驱动

4. 调速电机直接驱动主轴传动

在高速加工机床上，大多数使用电机转子和主轴一体的电主轴，大大简化了主轴箱体与主轴的结构，有效地提高了主轴部件的刚度，但主轴输出的扭矩小，电机发热对主轴的精度影响较大，如图 2－4 所示。

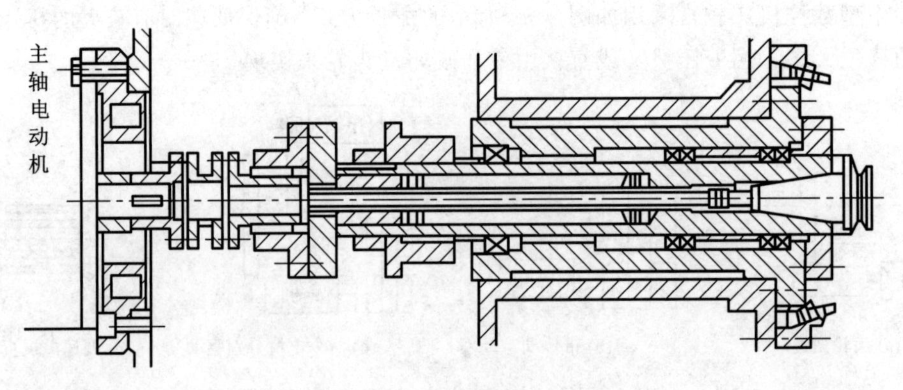

图 2－4　电主轴

三、主轴组件

1. 主轴轴承的支承形式

(1) 前支承采用双列短圆柱滚子轴承和 60°角接触双列向心推力球轴承组合，后支承采用成对向心推力球轴承，可提高主轴的综合刚度，以满足强力切削的要求。这种支承形式普遍用于各类数控机床主轴，如图 2-5(a)所示。

(2) 前支承采用高精度双列向心推力球轴承。向心推力轴承有良好的高速性，主轴最高转速可达 4000 r/min，但承载能力小，适于高速、轻载、高精密的数控机床主轴，如图 2-5(b)所示。

(3) 前后支承分别采用双列和单列圆锥滚子轴承。径向和轴向刚度高，能承受重载荷，其安装、调整性能好，但限制了主轴转速和精度，因此可用于中等精度、低速、重载的数控机床的主轴，如图 2-5(c)所示。

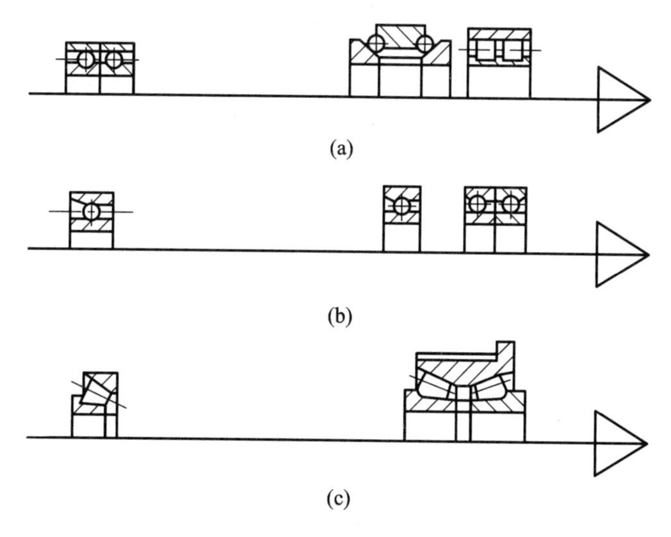

图 2-5　主轴轴承常见的支承形式

2. 主轴准停功能

每次机械手自动装取刀具时，必须保证刀柄上的键槽对准主轴的端面键，这就要求主轴具有准确定位于圆周上特定角度的功能，这是自动换刀所必需的功能。现代数控机床一般采用电气式主轴定向，只要数控系统发出指令信号，主轴就可以准确地定向。图 2-6 为主轴准停装置示意图，图 2-7 为刀具自动夹紧装置示意图。

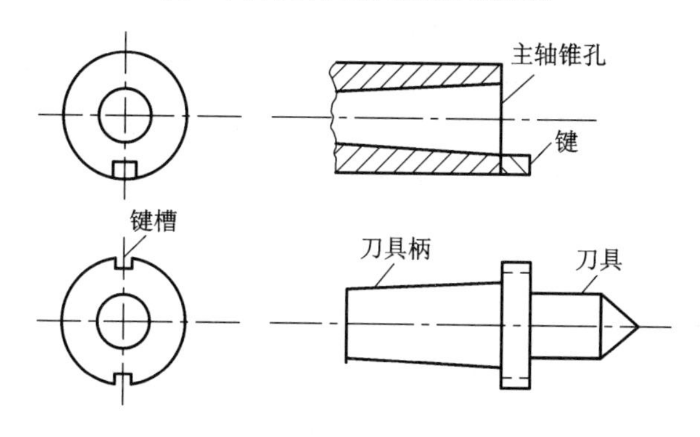

图 2-6　主轴准停

3. 主轴上刀具自动夹紧与切屑清除

加工中心主轴前端有 7∶24 锥度的锥孔，内部和后端安装的是刀具自动夹紧机构，如图 2-7 所示。机床执行换刀指令，机械手从主轴拔刀时，主轴需松开刀具。这时，液压缸上腔通压力油，活塞推动拉杆向下移动，使碟形弹簧压缩，钢球进入主轴锥孔上端的槽内，刀柄尾部的拉钉被松开，机械手拔刀。

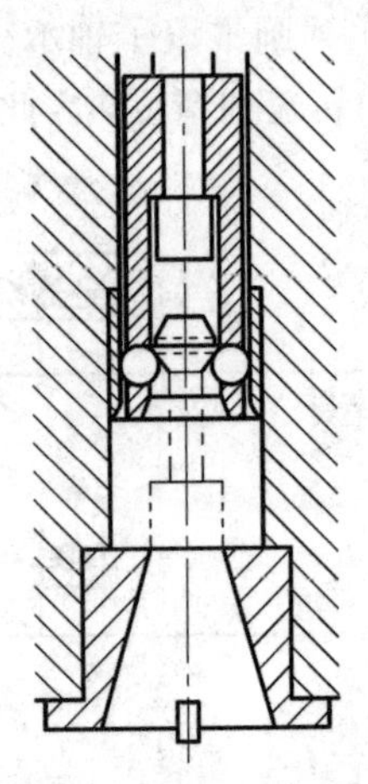

图 2-7　刀具自动夹紧

压缩空气进入活塞和拉杆的中孔，吹净主轴锥孔，为装入新刀具做好准备。当机械手将下一把刀具插入主轴后，液压缸上腔无油压，在碟形弹簧的回复力作用下，拉杆、钢球和活塞退回，使刀具被夹紧。刀杆夹紧机构用弹簧夹紧，液压放松，以保证在工作中突然停电时，刀杆不会自行松脱。机床采用的是 7∶24 锥度的锥柄刀具，锥柄的尾端安装有拉钉，拉杆通过 4 个钢球拉住拉钉的凹槽，使刀具在主轴锥孔内定位及夹紧。

第三节　数控机床进给传动系统

一、数控机床对进给系统的要求

数控机床进给传动系统承担了数控机床各直线坐标轴、回转坐标轴的定位和切削进给工作，无论是点位控制、直线控制还是轮廓控制，进给系统的传动精度、灵敏度和稳定性都直接影响被加工工件的加工精度，因此数控机床对进给传动系统应具有以下要求：

(1) 摩擦阻力要小，广泛采用滚珠丝杠和滚动导轨以及塑料导轨和静压导轨。

(2) 传动刚度要高。

(3) 转动惯量要小。

(4) 谐振频率要高。

(5) 传动间隙要小。

二、滚珠丝杠螺母机构

滚珠丝杠螺母副是回转运动与直线运动相互转换的新型理想传动装置。如图 2-8 所示，其工作原理是：在丝杠和螺母上加工有弧形螺旋槽，当把它们套装在一起时形成螺旋通道，并且滚道内填满滚珠。当丝杠相对螺母旋转时，两者发生轴向位移，而滚珠则可沿着滚道滚动。

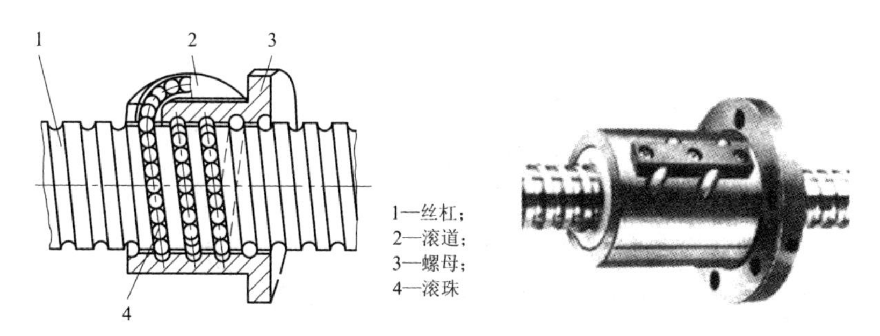

图 2-8　滚珠丝杠

1. 滚珠丝杠螺母副的特点

(1) 传动效率高，摩擦损失小。滚珠丝杠螺母副的传动效率可达 92%～98%，是普通丝杠传动的 3～4 倍。

(2) 传动灵敏，运动平稳，低速时无爬行。滚珠丝杠螺母副中滚珠、丝杠与螺母之间时滚动摩擦，其动、静摩擦系数基本相等，并且很小，移动精度和定位精度高。

(3) 传动精度高，反向时无空行程。给予适当预紧，可消除丝杠和螺母间的螺纹间隙，反向时就可以消除空行程死区，定位精度高，刚度好。

(4) 磨损小，精度保持性好，使用寿命长。

(5) 具有运动的可逆性。可以将旋转运动转换为直线运动，也可以将直线运动转换为旋转运动，即丝杠和螺母都可以作为主动件。

(6) 不能自锁。特别是对于垂直丝杠，由于自重的作用，下降时当传动切断后，不能立即停止运动，故常需添加制动装置。

(7) 制造工艺复杂，成本高。滚珠丝杠和螺母等元件的加工精度要求高，表面粗糙度也要求高，故制造成本高。

2. 滚珠丝杠螺母副的结构类型

(1) 外循环：滚珠在循环过程结束后，通过螺母外表面上的螺旋槽或插管返回丝杠螺母间重新进入循环，如图 2-9 所示。

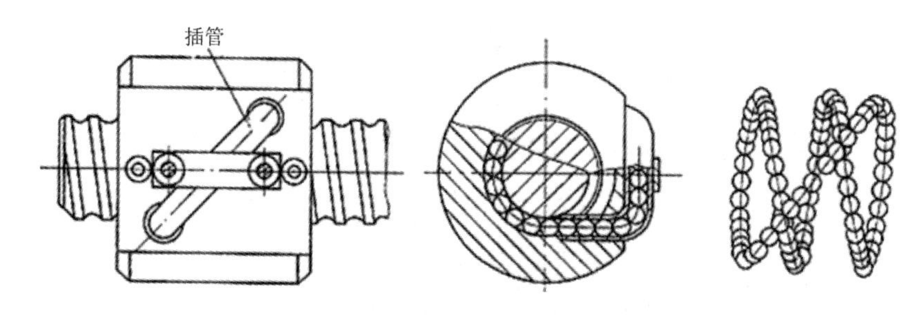

图 2-9　外循环式滚珠丝杠结构

外循环结构简单，工艺性好，承载能力较高，但径向尺寸较大，其应用最为广泛，可用于重载传动系统。

(2) 内循环：靠螺母上安装的反向器接通相邻滚道，使滚珠成单圈循环。反向器的数目与滚珠圈数相等，如图 2-10 所示。

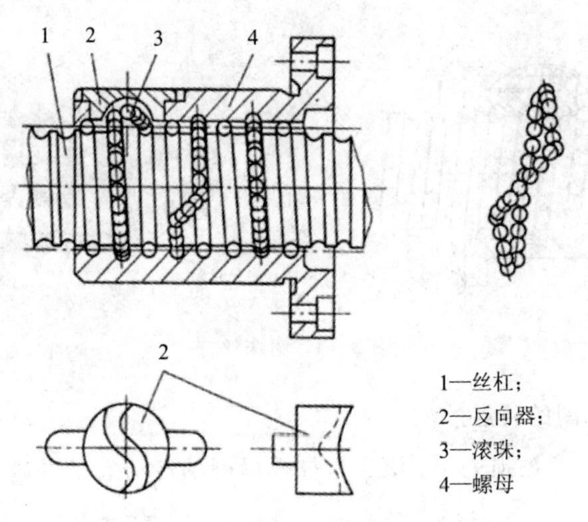

图 2-10　内循环式滚珠丝杠结构

内循环结构紧凑，刚度好，滚珠流通性好，摩擦损失小，但制造较困难，适用于高灵敏、高精度的进给系统。

3. 滚珠丝杠螺母副间隙的调整方法

通常采用预加载荷的方法来减小弹性变形所带来的轴向间隙，以保证反向传动精度和轴向刚度，需用的调整方法有：

(1) 双螺母垫片调隙式：通过调整垫片的厚度使左、右螺母产生轴向位移，达到消除间隙和产生预紧力的作用，如图 2-11 所示。

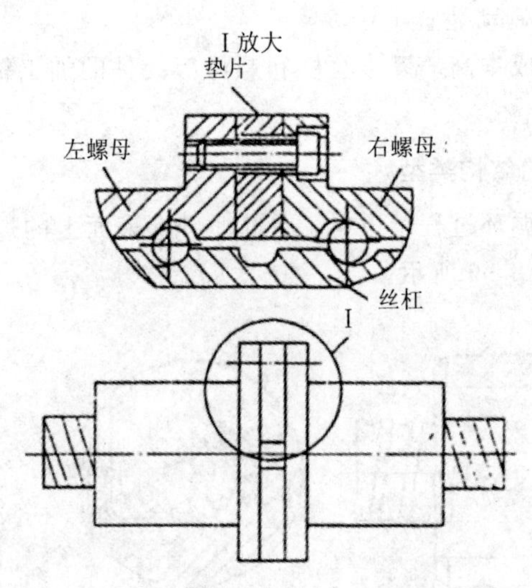

图 2-11　双螺母垫片调隙式

(2) 双螺母螺纹调隙式：通过拧动圆螺母将螺母沿轴向移动一定的距离，在消除间隙后用锁紧螺母将其锁紧，如图 2-12 所示。

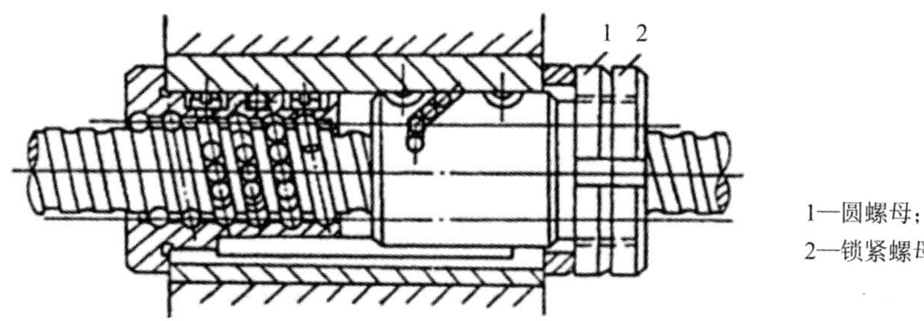

图 2-12　双螺母螺纹调隙式

(3) 双螺母齿差调隙式：在两个螺母的凸缘上各制有圆柱外齿轮，分别与套筒两端内齿圈相啮合，其齿数相差一个齿。调整时，让两个螺母相对于套筒方向都转动一个齿，然后再插入内齿圈，则两个螺母便产生相对角位移，如图 2-13 所示。

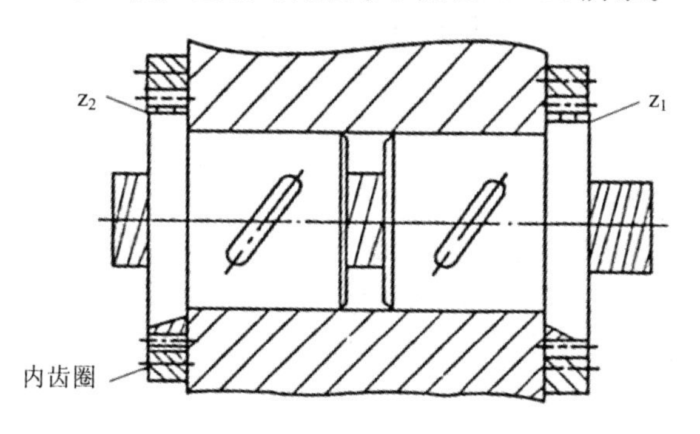

图 2-13　双螺母齿差调隙式

该方法能精确调整预紧量，调整方便、可靠，结构尺寸较大，多用于高精度的传动。

三、数控机床的导轨

导轨是进给传动系统的重要环节，是机床的基本结构要素之一，机床的加工精度、承载能力、使用寿命很大程度上取决于机床导轨的精度和性能。

1. 对导轨的要求

(1) 高的导向精度。导向精度保证部件运动轨迹的准确性。导向精度受导轨的结构形状、组合方式、制造精度和导轨间隙调整等因素的影响。

(2) 良好的耐磨性。好的耐磨性可使导轨的导向精度得以长久保持。耐磨性一般受导轨的材料、硬度、润滑和载荷的影响。

(3) 足够的刚度。在载荷作用下，导轨的刚度高，则保持形状不变的能力好。刚度受导轨结构和尺寸的影响。

(4) 低速运动的平稳性。运动部件在导轨上低速移动时，不应发生“爬行”的现象。造成“爬行”的主要因素有摩擦的性质、润滑条件和传动系统的刚度等。

2. 滚动导轨

滚动导轨是在导轨工作面之间安排滚动体，使两导轨面之间形成滚动摩擦。滚动导轨的摩擦系数小，而且动、静摩擦系数相近，磨损小，润滑容易，因此它低速运动平稳性好，移动精度和定位精度高。但滚动导轨的抗震性比滑动导轨差，结构复杂，对脏物也较为敏感，需要良好的防护。

如图 2-14 所示，直线滚动导轨中导轨体固定在不动部件上，滑块固定在运动部件上。除导向外还能承受颠覆力矩，其制造精度高，可高速运行，并能长时间保持精度，通过预加负载可提高刚性，具有自调的能力，安装基面允许误差大。

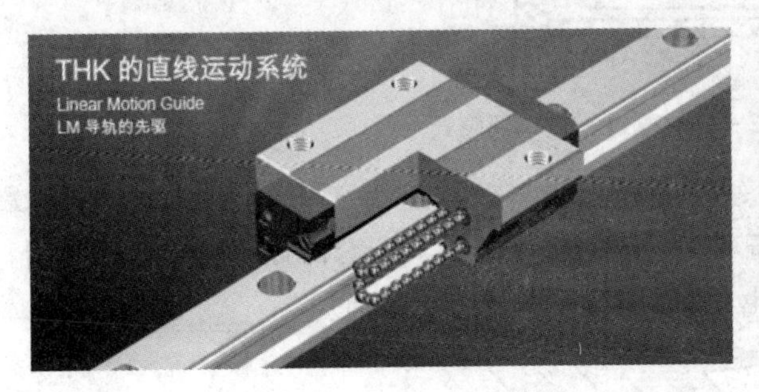

图 2-14　直线滚动导轨

3. 滑动导轨

在矩形和三角形导轨中，M 面主要起支承作用，N 面是保证直线移动精度的导向面，J 面是防止运动部件抬起的压板面；而在燕尾形导轨中，M 面起导向和压板作用；J 面起支承作用。常见滑动导轨截面的形状如图 2-15 所示。

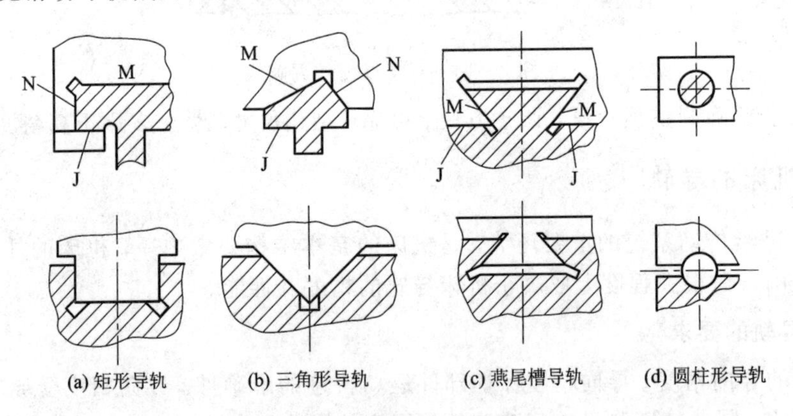

图 2-15　滑动导轨截面形状

在数控机床上，滑动导轨的组合形式主要是三角形导轨形式和矩形导轨形式。只有少部分结构采用燕尾槽导轨。

4. 静压导轨

液体静压导轨(简称静压导轨)是数控机床上经常使用的一种液压导轨。通常在两个相对运动的导轨面间注入压力油，使运动件浮起。在工作过程中，导轨面上油腔中的油压能随外加负载的变化自动调节，保证导轨面间始终处于纯液体摩擦状态。

由于承载的要求不同，静压导轨分为开式和闭式两种。开式静压导轨只能承受垂直方向的负载，承受颠覆力矩的能力差；而闭式静压导轨能承受较大的颠覆力矩，导轨刚度也较高。

第三章　数控加工编程基础

数控加工是基于数字化信息的加工，刀具与工件的相对位置必须在相应的坐标系下才能确定。数控机床的坐标系统，包括坐标系、坐标原点和运动方向，对于数控工艺制定、编程及操作，是一个十分重要的概念。

第一节　数控机床坐标系

一、数控机床坐标系的确定原则

数控机床坐标系采用右手直角笛卡尔定则，基本坐标轴为 X、Y、Z 并构成直角坐标系，对应的旋转坐标轴分别是 A、B、C，如图 3－1 所示。

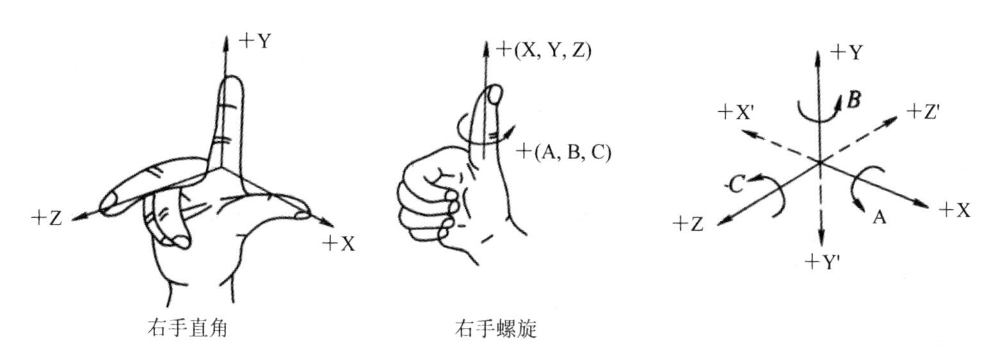

图 3－1　数控机床标准坐标系

在确定坐标系时，应遵循以下原则：

(1) 一律假定工件静止，刀具相对工件运动。这样编程人员在不知是刀具移近工件还是工件移近刀具的情况下，就可以依据零件图纸，确定加工的过程。

(2) 以增大刀具与工件之间距离的方向为坐标轴的正方向。

(3) 确定直角坐标系各坐标轴的顺序：先确定 Z 轴，再 X 轴，最后根据右手定则确定 Y 轴。

二、数控机床坐标系的判定步骤

1. Z 轴

规定平行于机床主轴轴线的坐标轴为 Z 轴，即机床上提供主切削力的主轴轴线方向为 Z 轴方向。对于有多个主轴或没有主轴(如刨床)，标准规定垂直于工件装夹面的轴为 Z 轴。对于能摆动的主轴，若在摆动范围内仅有一个坐标轴平行于主轴轴线，则该轴为 Z 轴；若在摆动范围内有多个坐标轴平行于主轴轴线，则规定垂直于工件装夹面的坐标轴为Z 轴。

2. X轴

X轴通常是水平的，且平行于工件装夹面。对于工件旋转的机床，X轴的方向是在工件的径向上，刀具远离工件旋转中心的方向为X轴正方向(见图3-2(a))；对于刀具旋转的立式机床，规定水平方向为X轴方向，且当从刀具(主轴)向立柱看时，X轴正方向向右(见图3-2(b))；对于刀具旋转的卧式机床，规定水平方向仍为X轴方向，且从刀具(主轴)尾端向工件看时，右手所在方向为X轴正方向(见图3-2(c))。

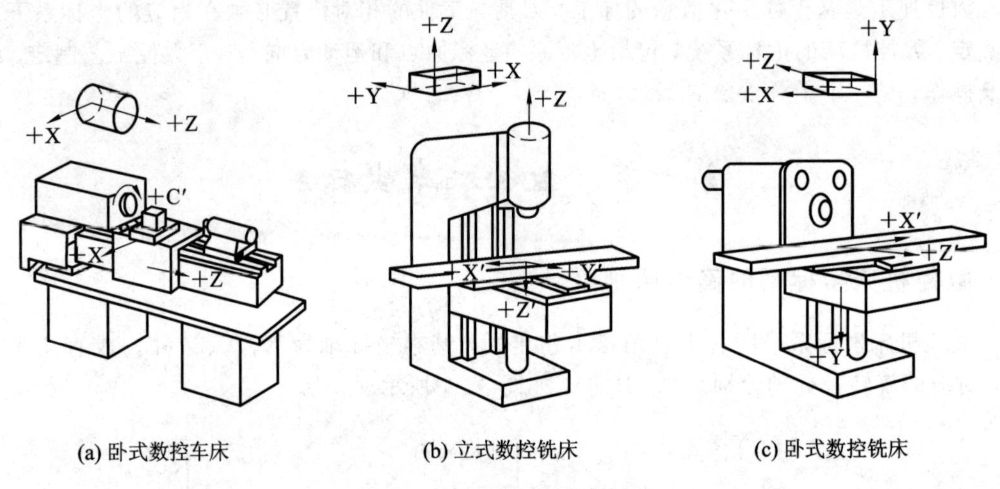

图3-2 常见数控机床坐标轴

3. Y轴

Z轴和X轴确定后，根据右手直角笛卡尔坐标系，与它们相互垂直的轴便是Y轴。

4. 旋转坐标A、B和C

旋转坐标A、B和C表示其轴线分别平行于X、Y和Z轴的旋转运动，其正方向可按右手螺旋定则判定，如图3-1所示。

三、机床坐标系与工件坐标系

1. 机床坐标系与机床原点、机床参考点

1) 机床坐标系与机床原点

机床坐标系是机床上固有的坐标系，其原点称为机床原点，是由厂家在设计制造、装配调试时设置的固定点。机床原点是其他坐标的基准点，其作用是使机床与控制系统同步，建立测量机床运动坐标的起始点。

2) 机床参考点

与机床原点相对应的还有一个机床参考点，它是机床上的一个固定点，通常与机床原点有一个固定的距离，其位置可以通过调整机械挡块的位置来设定，设定后如进行改变，必须重新精确测量并修改机床参数。一般情况下，机床工作前，必须先进行回参考点操作，各坐标轴回零，才可建立机床坐标系。

2. 工件坐标系与工件坐标系原点

工件坐标系是编程时设定的坐标系，其原点称为工件原点或编程原点，可以通过G92

或 G54～G59 指令设定。在进行编程时，首先要根据被加工零件的形状特点和尺寸，在零件图纸上建立工件坐标系，使零件上的所有几何元素都有确定的位置，同时也决定了在数控加工时，零件在机床上的安装方向。加工时，应首先测量工件坐标系原点与机床原点之间的距离，即工件原点偏置值(如图 3-3、图 3-4 所示)。该偏置值可预存到数控系统中，在加工时工件原点偏置便自动加到工件坐标系上，使数控系统可按机床坐标系确定加工时的坐标值，这样使用起来非常方便。

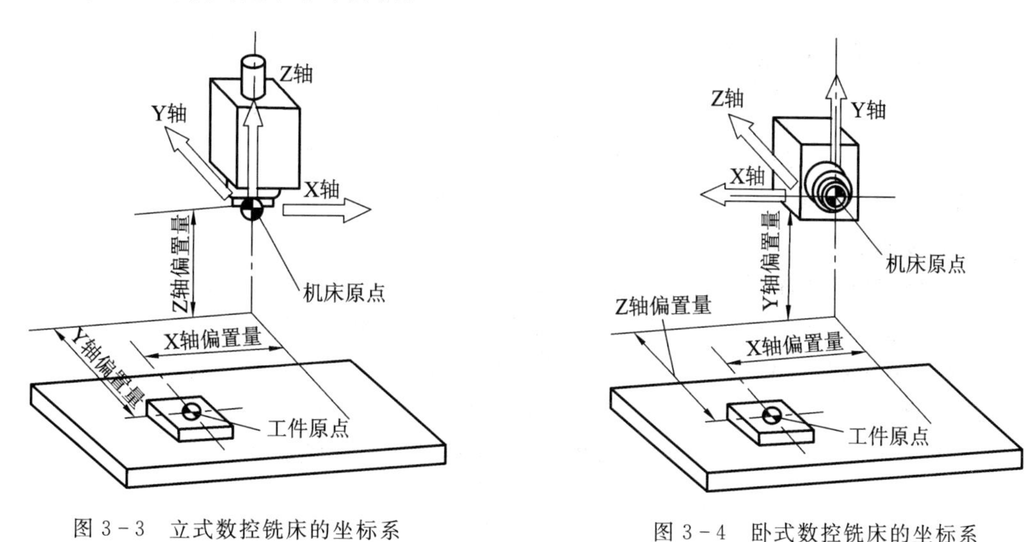

图 3-3　立式数控铣床的坐标系　　　　图 3-4　卧式数控铣床的坐标系

四、绝对坐标系与相对坐标系

坐标系内所有几何点或位置的坐标值均从坐标原点标注或计量，这种坐标称为绝对坐标系。

坐标系内某一几何点或位置的坐标值以相对于前一个位置坐标值的增量进行标注或计量，这种坐标系称为相对坐标系或增量坐标系，即后一位置的坐标尺寸是以前一点为原点进行标注或计量的，如图 3-5 所示。

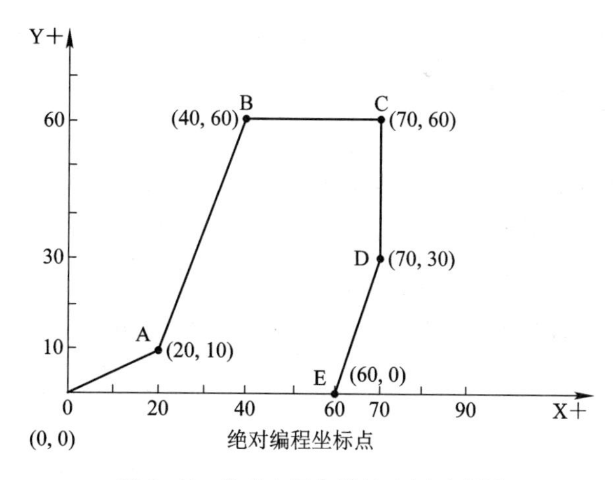

图 3-5　绝对坐标与增量坐标示意图

在图 3-5 中，各点的绝对坐标分别为 A(20，10)，B(40，60)，C(70，60)，D(70，30)，E(60，0)。若计算增量坐标，则应该注明是相对于哪个点，如 A 相对于 B 其增量坐标为 AB(-20，-50)，即把 B 点看成是坐标原点，求 A 点的坐标。

第二节　数控加工程序的格式与编程方法

一、数控加工程序的格式

数控加工程序一般由程序号、程序内容和程序结束三部分组成。程序号也叫程序名，是给零件加工程序的一个编号，并说明加工程序的开始。程序内容是整个程序的核心，一般由很多个程序段组成，每个程序段由一个或多个指令构成，表示机床要完成的全部动作，包括加工前状态要求、刀具加工零件的运动轨迹等。程序结束的内容是刀具完成对零件的切削加工后，执行该部分的程序可以控制刀具以什么方式退出切削、退出切削后刀具停留在何处、机床处于什么状态等。程序结束可以用辅助功能代码 M02、M30、M99 来实现。

在图 3-6 中，“N1 G00 G40 G49 G80 G90 G17G54 G69；”称为一个程序段，程序段由程序段号、地址符、数据字和符号组成，即由若干个指令字按特定的格式组合而成。指令字又由地址符和带符号(或不带符号)的数字组成，指令字是程序指令中最小的有效单位。

```
    O0001;                                   程序号
N1 G00 G40 G49 G80 G17G54 G69;
N2 T1;
N3 M03 S800;                                 程序内容
N4 G00 X50. Y50.;
.....
N100 M30;                                    程序结束
```

图 3-6　程序的组成

二、常用地址符及其含义

1. 程序号(程序名)

程序号以地址符字母 O(或%)加代表程序号的数字表示，可取数字为 0～9999，其后可加括号作注释，必须放在程序之首。

2. 程序段号 N

程序段号以地址符字母 N 和代表程序段号的数字表示，如 N01，置于程序段的开头。程序段号主要是为了方便编程或加工时进行程序的检索，也可以省略不写。

3. 坐标字

坐标字给定机床在各个坐标上移动的方向和位移量，它由坐标地址符和带正、负号的数字组成。

4. 准备功能字 G

准备功能字由地址符 G 加两位数字构成，用来指定坐标系、定位方式、插补方式、加工螺纹及各种固定循环及刀具补偿等。

5. 进给功能字 F

进给功能字由地址符 F 加数字构成，用来指定刀具相对于工件的移动速度。其单位有两种表示方式，一种是每分钟进给量(mm/min)，多用于数控铣床；一种是每转进给量(mm/r)，多用于数控车床。

6. 主轴功能字 S

主轴功能字由地址符 S 加数字构成，用于指定机床的主轴转速，单位是 r/min。

7. 刀具功能字 T

一般由地址符 T 加数字构成，在数控车床上，一般 T 后面加四位数字，前两位表示刀具号，后两位表示刀具补偿号；在数控铣床上，一般 T 后面加两位数字，表示刀具号。

8. 辅助功能字 M

辅助功能字由地址符 M 加两位数字构成，用于指定主轴旋转方向和启动、停止，切削液开、关，夹具夹紧和松开，刀具更换等。

9. 补偿功能字 D、H

补偿功能字用地址符 D 或 H 表示，D 和 H 后面的数字分别表示刀具半径补偿和长度补偿的存储器号码。

三、数控程序的编制方法及步骤

数控程序的编制方法主要有手工编程和自动编程(计算机辅助编程)两种。手工编程是由编程人员使用各种指令字，完成零件程序的编制；自动编程一般是借助 CAD/CAM 软件，先应用软件的 CAD 功能对零件进行造型，然后应用软件的 CAM 功能规划零件加工的刀具路径，对规划好的刀具路径进行后置处理，即可自动生成零件的加工程序。

数控机床程序编制的步骤如下：

1. 分析零件图样

对零件的材料、形状及加工表面所规定的加工质量和技术要求指标进行分析，查看零件的尺寸标注是否完整、准确，分析零件加工的可行性和经济性，为加工做好准备。

2. 工艺处理

在对零件图样进行分析的基础上，确定零件的加工内容、加工方法、定位夹紧、加工顺序、使用的刀具和切削用量等。

3. 数值计算

在确定好零件的工艺方案后，根据零件的尺寸要求、加工路线和设定编程坐标系，计算刀具的运动轨迹上各个点的坐标数值。如果零件的图形比较复杂，可以借助计算机绘图软件进行坐标数值的计算。

4. 编写零件程序

根据计算出的刀具运动轨迹上各个点的坐标数值和已确定的切削用量以及辅助动作，按数控系统规定的指令代码和程序段格式，编写零件加工程序。如果是自动编程，则应用软件的 CAM 功能规划零件加工的刀具路径，然后对规划好的刀具路径进行后置处理即可自动生产零件的加工程序。

5. 程序的输入和存储

编制好程序后，可以直接通过操作面板，将程序输入到机床的数控系统存储起来，以便加工时随时调用。也可以使用计算机将程序通过数控机床上的通信接口直接传输到机床的数控系统中。

6. 程序的检验和试切

输入到机床中的程序必须经过检验和试切加工才能知道程序是否正确可用。程序检验一般采用空运行的方式，将机床锁住，通过显示屏模拟的轨迹检查刀具运动轨迹是否正确。但此方法只能检验刀具的运动轨迹是否正确，不能保证零件的加工精度，因此还要进行零件的试切。若零件通过试切发现精度达不到要求，则应进行程序的调整，或通过修改补偿值的方法，直到加工出合格的零件。

第三节　常用的数控指令

一、准备功能指令

准备功能指令也称G指令或G代码，主要用来指定机床的加工方式，规定坐标平面、坐标系、刀具和工件相对运动轨迹、刀具补偿、单位选择、坐标偏置等，为数控加工做准备。

准备功能指令可分为若干个组，且有模态指令和非模态指令之分，模态指令也称续效指令，这种指令一经指定则持续有效，直至出现同组的其他G指令，其功能才会被取消。非模态指令也称非续效指令，这种指令只有在被指定的程序段内才有效。不同组的G指令可以放在同一程序段中，同组的G指令出现在同一程序段中时，只有最后一个有效。常用的准备功能G指令见表3-1。

表3-1　准备功能G指令(以FANUC　0iM系统为例)

代码	组别	功　能	备　注
G00	01	快速点定位	
G01		直线插补	
G02		顺时针圆弧插补	
G03		逆时针圆弧插补	
G04	00	暂停	非模态
G15	17	极坐标取消	
G16		极坐标	
G17	02	XY平面选择	
G18		ZX平面选择	
G19		YZ平面选择	
G20	06	英制输入	
G21		公制输入	

续表

代码	组别	功 能	备注
G27	00	返回参考点检查	非模态
G28		返回参考点	非模态
G29		从参考点返回	非模态
* G40	07	取刀具半径补偿	
G41		刀具半径左补偿	
G42		刀具半径右补偿	
G43		刀具长度正补偿	
G44		刀具长度负补偿	
* G49		取消长度补偿	
* G50	11	比例缩放取消	
G51		比例缩放有效	
G54～G59	14	选择工件坐标系	
G65	00	宏程序调用	非模态
G66	12	宏程序模态调用	
* G67		宏程序模态调用取消	
G68	16	坐标旋转有效	
* G69		坐标旋转取消	
G73		高速深孔啄钻	非模态
G74		左旋攻丝循环	非模态
G76		精镗孔循环	非模态
* G80		取消固定循环	
G81～G89		固定循环	
* G90	03	绝对坐标	
G91		增量坐标	
G92	00	设定工件坐标系	
* G94	05	每分钟进给	
G95		每转进给	
* G96	13	恒线速	
G97		取消恒线速	
G98	10	固定循环结束返回初始点平面	
* G99		固定循环结束返回 R 点平面	

注：打开机床电源时，标有“ * ”符号的 G 代码被激活，即为默认状态。个别同组中的默认代码可由系统参数设定选择，此时默认状态发生变化。

1. 快速定位指令(G00)

控制刀具从当前位置以点位控制方式沿直线快速移动到指令给出的目标位置。移动的过程中，刀具与工件不接触，不能用于切削，一般用于空行程运动。其快速移动的速度由系统设定，不能用指令指定。格式如下：

G00　X_Y_Z_；

其中X、Y、Z为移动目标位置点坐标，即终点坐标。

2. 直线插补指令(G01)

控制刀具从当前位置以插补的形式按照设定的进给速度沿直线移动到指令给出的目标位置。该指令一般用于轮廓切削，其移动速度由F设定。格式如下：

G01　X_Y_Z_F_；

其中X、Y、Z为移动目标位置点坐标，即终点坐标，F为直线插补的速度。

3. 圆弧插补指令(G02，G03)

控制刀具从当前位置以插补的形式按照设定的进给速度沿圆弧移动到指令给出的目标位置。G02为顺时针圆弧插补，G03为逆时针圆弧插补。圆弧加工指令一般应包括圆弧所在平面、圆弧的顺逆、圆弧的终点坐标以及圆弧半径(或圆心坐标)等信息。

在XY平面内的圆弧指令格式如下：

G17 G02(G03)X_Y_R_F_；（半径方式）

或

G17 G02(G03)X_Y_I_J_F_；（圆心方式）

在ZX平面内的圆弧指令格式如下：

G18 G02(G03)X_Z_R_F_；（半径方式）

或

G18G02(G03)X_Z_I_K_F_；（圆心方式）

在YZ平面内的圆弧指令格式如下：

G19 G02(G03)Y_Z_R_F_；（半径方式）

或

G19G02(G03)Y_Z_J_K_F_；（圆心方式）

其中X、Y、Z为圆弧终点坐标，R为圆弧半径，I、J、K为圆心相对起点的增量坐标，即将起点看成坐标原点，求得圆心的坐标。

圆弧插补指令需注意以下几点：

(1) 顺时针、逆时针的判别方法：沿垂直于圆弧所在平面的第三个坐标轴的正方向向负方向看去，顺时针为G02，逆时针为G03。

(2) 用半径方式编程时规定：当圆弧小于或等于180°时，半径取正值；当圆弧大于180°时，R取负值。

如图3-7所示，圆弧1与圆弧2的起点相同，终点相同，半径也相同。当R取正值时，轨迹为圆弧1；当R取负值时，轨迹为圆弧2。

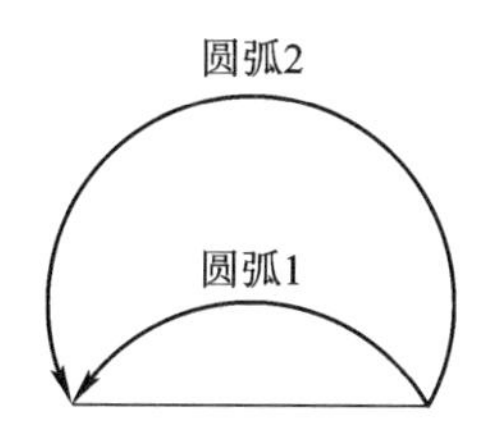

图 3－7　半径编程时 R 的取值不同形成不同的圆弧轨迹

（3）当加工整圆时，半径方式无效，因为整圆的起点和终点重合，经过这个起点（终点）且半径为 R 的圆有无数多个，所以必须采用圆心方式，确定圆心相对于起点的位置，这样所确定的圆才唯一。

（4）在同一个程序段中，如果同时出现 I、J、K 和 R，则 R 有效，I、J、K 无效。

4. 暂停指令（G04）

暂停指令是暂停进给，主轴仍在高速旋转，一般用于切槽、锪孔等加工时做光整加工，暂停的时间可以通过指令设定，暂停结束后继续执行下一段程序。格式如下：

G04 X __；

或

G04 P __；

暂停时间由 X 或 P 后面的数字指定，其中 X 指定的暂停时间单位是秒（s），P 指定的暂停时间单位是毫秒（ms）。

G04 是非模态指令，只在本程序段有效。

5. 平面选择指令（G17～G19）

G17、G18、G19 指令分别表示设定 XY、ZX、YZ 平面为当前工作平面，对于三坐标运动铣床或加工中心，特别是可以三坐标控制、任意两坐标联动的数控机床，即所谓两轴半联动机床，常需要这些指令指定机床在哪一个平面进行运动。常见的立式数控铣床，默认的坐标平面为 XY 平面，G17 指令可以省略。常见的卧式数控车床，总是在 ZX 平面内运动，故无需指定工作平面。

6. 单位设定指令（G20，G21）

数控系统利用 G20 指令设定数控程序中数据为英制尺寸，单位为英寸（inch），G21 指令设定数控程序中数据为公制（米制）尺寸，单位为毫米（mm）。米制与英制的换算关系为：1 mm ＝0.394 inch，1 inch ＝ 25.4 mm。

7. 返回参考点指令（G27～G29）

1）返回参考点检查指令 G27

G27 指令可以检查机床是否正确返回参考点，其格式如下：

G27 X __ Y __；

2）返回参考点指令 G28

G28 指令控制刀具从任何位置以快速定位方式经中间点返回参考点，到达参考点时，指示灯亮，其格式如下：

G28 X __ Y __ ;

式中 X、Y 为中间点的坐标值。

3）从参考点返回自动返回 G29

G29 指令控制刀具从参考点快速移动到 G28 指定的中间，再从中间点快速移动到 G29 指令的指定点，其格式为：

G29 X __ Y __ ;

式中 X、Y 为返回点的坐标值。

8. 进给方式指令(G94，G95)

1）每分钟进给指令 G94

格式：G94 F __ ;

该指令表示在 G94 后面的 F 指定刀具每分钟移动的距离，单位为 mm/min。

2）每转进给指令 G95

格式：G95 F __ ;

该指令表示在 G95 后面的 F 指定主轴每转一转刀具移动的距离，单位为 mm/r。

9. 主轴速度指令(G96,G97)

1）恒线速度指令 G96

格式：G96 S __ ;

该指令中 S 指定的是主轴上切削点的线速度，单位是 m/min，如 G96 S100 表示主轴上切削点的线速度为 100 m/min。此指令一般在车削盘类零件的端面或直径变化较大的情况下使用，可以使机床转速随着直径的变化而变化，从而保证切削点的切削速度保持恒定。

2）恒转速指令 G97

格式：G97 S __ ;

该指令中 S 指定的主轴的转度，单位是 r/min，如 G97 S600 表示设定主轴的转速为 600 r/min。

二、辅助功能指令

辅助功能指令也称为 M 指令或 M 代码，主要用于完成加工操作时的一些辅助动作，是控制机床“开—关”功能的指令。常见的辅助功能指令见表 3－2。

表 3－2　M 代码及其功能

代码	功　能	代码	功　能
M00	程序停止	M06	换刀
M01	选择性停止	M07	雾状冷却液开
M02	程序结束	M08	液状冷却液开
M30	程序结束	M09	冷却液关
M03	主轴正转	M98	调用子程序
M04	主轴反转	M99	子程序结束
M05	主轴停止		

M00 是程序停止指令，一般单独编辑在一个程序段中。程序运行至该指令时，机床主轴、进给及冷却液等全部进入停止状态，而现存的所有模态信息保持不变。当重新按下循环启动键后，程序可继续往下执行。

M01 是程序选择性停止，其功能与 M00 相同，所不同是：只有当操作面板上“选择停止”按钮按下时，M01 才有效，否则，机床执行到该指令时不会产生任何功效。

M02 是程序结束指令，一般单独编辑在一个程序段中，置于程序末尾。程序运行至该指令时，机床主轴、进给及冷却液等全部进入停止状态，并且使数控系统复位，模态信息被清除，程序运行光标停留在程序末尾，加工结束。

M30 也是程序结束指令，其功能与 M02 相同，所不同的是：M30 指令执行完成后，程序运行光标会自动返回到程序的开头位置，此时，再次按循环启动键，程序又可以从头开始重新执行。

M03、M04 分别是主轴正转和反转指令。

M05 是主轴停止指令。

M06 是自动换刀指令，用于带有自动换刀装置的机床。

M07、M08 分别表示 2 号冷却液(雾状)和 1 号冷却液(液状)开，而 M09 表示冷却液关闭。

M98 用来调用子程序，M99 表示子程序结束，返回主程序。

三、刀具功能指令

刀具功能指令由地址 T 和其后面的若干数字组成。其中 T 表示所换刀具，常见的表示方法有以下两种：

(1) 在数控铣床和加工中心上，T 后面的数字一般表示刀具号，如 T00～T99。

(2) 在数控车床上，T 后面的数字表示刀具号和刀具补偿号(刀尖位置补偿量、刀尖半径补偿量的补偿号)，如 T0102 表示选择 01 号刀具，用 02 号补偿存储器中的补偿量进行补偿。

第四章　数控加工工艺基础

第一节　数控机床刀具

数控机床加工时，必须采用数控刀具，数控刀具必须适合数控机床的工作条件，才能使机床在最佳工作条件下工作，从而充分发挥数控机床应有的作用。随着数控机床功能、结构的发展，数控机床上使用的刀具已经不是普通机床“一机一刀”的模式，而是多种不同类型的刀具同时在数控机床上轮换使用，达到自动换刀和快速换刀的目的。因此，对“数控刀具”的理解为“数控刀具系统”。

一、数控刀具的特点

为适应数控机床加工精度高、加工效率高、加工工序集中及零件装夹次数少等要求，数控机床对所使用的刀具有许多性能上的要求，只有达到这些要求才能使数控机床真正发挥效率。在数控机床上使用的刀具应具有以下特点：

1. 良好的切削性能

为提高生产效率和满足加工高硬度材料的要求，数控机床朝着高速度、大进给、高刚性和大功率方向发展，数控机床所采用的刀具必须具有承受高速切削和大进给走刀的性能，才能保证加工的顺利进行。

2. 高的可靠性和耐用度

首先要保证在加工过程中刀具不发生意外损坏，刀具应具有足够的强度和韧性，能承受较高的冲击载荷，可靠性好。刀具在切削过程中会不断磨损而造成工件尺寸的变化，从而影响零件的加工精度。在切削加工时，刀具从锋利状态钝化到一定程度须加以重磨的连续使用时间称为刀具耐用度。很显然，刀具耐用度越大，对加工越有利，数控刀具要具有高的耐用度。

3. 高的精度和重复定位精度

为了适应数控机床的高精度加工，刀具及其装夹机构必须具有很高的精度，以保证它在机床上的安装精度和重复定位精度。

4. 可精确迅速地调整和自动快速换刀

数控机床所采用的刀具一般具有调整装置，这样能够补偿由于刀具磨损而造成工件尺寸的变化。数控机床很多时候要在加工的自动循环过程中完成自动换刀，这就要求刀具应能与机床快速、准确地结合和分离，并能适应机械手或机器人的操作。

5. 刀具标准化、模块化、通用化

目前数控机床大都使用标准化的不重磨刀具，按照一定的规格模块化生产标准刀具，

可减少刀具的品种规格，降低成本，也保证了刀具的通用化。

二、数控刀具的种类

数控机床使用的刀具有很多种，按照不同的方法进行分类，如表 4-1 所示。

表 4-1　数控刀具常见分类方式

分类方法	种类	说　明
按结构分类	整体式	由整块材料磨制而成，使用时可根据用途将切削部分磨成所需形状
	镶嵌式	分为焊接式和机夹式，机夹式又可以分为可转位和不可转位两类
	减振式	主要用于镗孔，当刀具工作长度与直径比大于 4 时，为了减少振动，提高加工精度，多采用此种刀具
	内冷式	切削液通过刀体内部由喷孔射到刀具的切削刃部
	特殊式	如复合刀具
按刀具材料分类	高速钢刀具	易于刃磨，适合制造形状复杂的刀具
	硬质合金刀具	目前主要使用的数控刀具材料
	陶瓷刀具	使用精密陶瓷高压研制而成
	立方氮化硼刀具	在高温的时候还能保持高硬度的特性，主要做加工铁件之用
	金刚石刀具	用于非金属硬脆材料，如石墨、高耐磨材料、复合材料、高硅铝合金及其他韧性有色金属材料的精密加工
按切削工艺分类	车削刀具	有外圆车刀、内孔车刀、螺纹车刀、成型车刀等
	钻削刀具	有麻花钻、浅孔钻、扩孔钻等
	镗削刀具	有单刃镗刀、多刃镗刀等
	铣削刀具	有面铣刀、立铣刀、键槽铣刀、圆角刀、球头铣刀、模具铣刀等

三、数控刀具的材料

目前数控机床刀具所采用的刀具材料，主要有高速钢、硬质合金、陶瓷、立方氮化硼和聚晶金刚石。

1. 高速钢

高速钢是一种加入了较多的钨、钼、铬、钒等合金元素的高合金工具钢。高速钢具有较高的热稳定性、高的强度和韧性、一定的硬度和耐磨性，在 600℃ 仍然能保持较高的硬度。按用途不同，高速钢可分为通用型高速钢和高性能高速钢。

通用型高速钢广泛用以制造各种复杂刀具，可以切削硬度在 250～280HBS 以下的结构钢和铸铁材料。其典型牌号有 W18Cr4V(简称 W18)、W14Cr4VMnXt、W6M05Cr4v2(简称 M2)、W9Mo3Cr4V(简称 W9)。高性能高速钢包括高碳高速钢、高钒高速钢、钴高速钢和超硬高速钢等。其刀具耐用度约为通用型高速钢刀具的 1.5～3 倍，适合于加工超高强度等难加工材料。其典型牌号有 W2Mo9Cr4Vo8(简称 M42)，是应用最广的含钴超硬高速钢，具有良好的综合性能；W6Mo5Cr4V2AI 和 W10Mo4Cr4V3AI(5F－6)是两种含铝的超硬高速钢，具有良好的切削性能。普通高速钢车刀、铣刀如图 4－1 和图 4－2 所示。

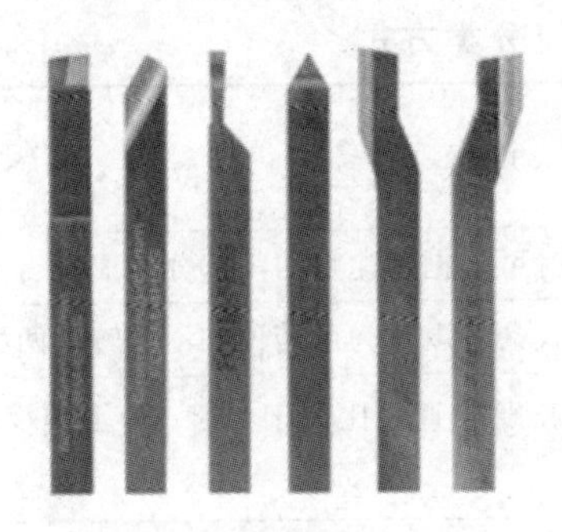

图 4－1　普通高速钢车刀

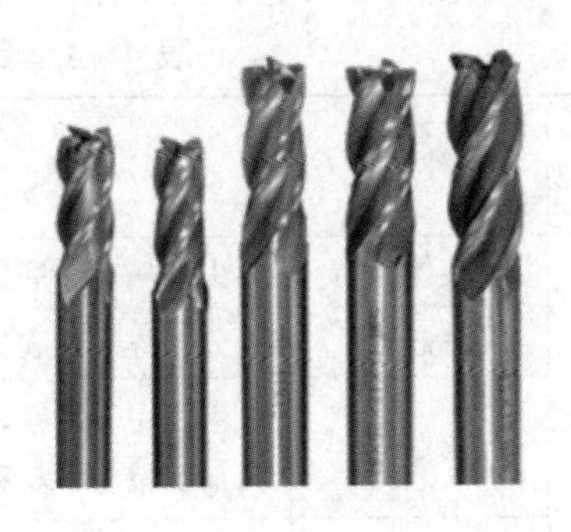

图 4－2　普通高速钢铣刀

2. 硬质合金

硬质合金是将钨钴类(WC)、钨钴钛(WC－TiC)、钨钛钽(铌)钴(WC－TiC－TaC)等难熔金属碳化物，用金属黏结剂 Co 或 Ni 等经粉末冶金方法压制烧结而成。硬质合金具有硬度高、耐磨、强度和韧性较好、耐热、耐腐蚀等一系列优良性能，特别是它的高硬度和耐磨性，即使在 500℃的温度下也基本保持不变，在 1000℃时仍有很高的硬度。

按照 ISO 标准以硬质合金的硬度、抗弯强度等指标为依据，将切削用硬质合金分为三类：K 类(相当于我国的 YG 类)、P 类(相当于我国的 YT 类)和 M 类(相当于我国的 YW 类)。

在 ISO 标准中，通常又在 K、P、M 三种代号之后附加 01、05、10、20、30、40、50 等数字进一步细分。一般来说，数字越小，硬度越高，韧度降低；数字越大，韧度越高但硬度降低。

(1) K 类硬质合金(国家标准为 YG 类硬质合金)。这类硬质合金又称为钨钴类硬质合金，常用牌号有 YG3、YG6、YG8，数字表示 Co 的百分含量，Co 越多则韧性越好，适合用于粗加工。此类硬质合金强度好，但硬度和耐磨性较差，主要用于加工铸铁等脆性材料及有色金属，YG3 适合用于精加工，YG8 适合用于粗加工。

(2) P 类硬质合金(国家标准为 YT 类硬质合金)。这类硬质合金又称为钨钛钴类硬质合金，常用牌号有 YT5、YT15、YT30，此类硬质合金硬度、耐磨性、耐热性都明显提高，但韧性、抗冲击性较差，主要用于加工黑色金属(钢料)，YT5 适合用于粗加工，YT30 适合用于精加工。

(3) M 类硬质合金(国家标准为 YW 类硬质合金)。这类硬质合金又称为钨钛钽铌钴类硬质合金，添加了 TaC 或 NbC，其抗弯强度、疲劳强度和韧性、高温性能以及耐磨性均得到提高，既可加工黑色金属，也可加工有色金属，所以又称万能硬质合金。

涂层硬质合金刀具是在韧性较好的硬质合金基体上或高速钢刀具基体上，涂覆一薄层耐磨性高的难熔金属化合物而成的。常用的涂层材料有 TiC、YiN、YiCN 、TiB2、ZrO2 及 Al2O3 等陶瓷材料。涂层可采用单涂层，也可采用双涂层或多涂层，涂层厚度一般为 0.005～0.015 mm。

硬质合金的涂层方法分为两类。一类为化学涂层法(CVD 法)，一类为物理涂层法(PVD

法)。化学涂层是将各种化合物通过化学反应，沉积在工具表面上形成表面膜，反应温度一般在 1000 ℃左右。物理涂层是在 550℃以下将金属和气体离子化后，喷涂在工具表面上。

硬质合金涂层一般采用化学涂层法(CVD 法)生产。涂层物质以 TiC 最为广泛。数控机床上机夹不重磨刀具的广泛使用，为发展涂层硬质合金刀片开辟了广阔的天地。涂层刀具的使用范围广泛，从非金属、铝合金到铸铁、钢以及高强度钢、高硬度钢和耐热合金、钛合金等难加工材料的切削均可使用。实际加工应用中，涂层硬质合金刀片的耐用度至少可提高 1～3 倍。涂层硬质合金的通用性广。涂层高速钢刀具主要有钻头、丝锥、滚刀、立铣刀等。常用的硬质合金涂层刀片如图 4 - 3 所示。

图 4 - 3　硬质合金涂层刀片

因为涂层刀具有比基体高得多的硬度、抗氧化性能、抗黏结性能以及低的摩擦系数，因而有高的耐磨性和抗月牙洼磨损能力，且可降低切削力及切削温度，所以在加工中可采用比未涂层刀具高得多的切削用量，从而使生产效率大大提高。

在数控铣床上常用整体式硬质合金刀具，如图 4 - 4 所示。

图 4 - 4　整体式硬质合金刀具

3. 陶瓷

陶瓷的品种牌号很多，按其主要成分大致可分为以下三类：

(1) 氧化铝系陶瓷。此类陶瓷的突出优点是硬度及耐磨性高，缺点是脆性大、抗弯强度低、抗热冲击性能差，目前多用于铸铁及调质钢的高速精加工。

(2) 氮化硅系陶瓷。这种陶瓷的抗弯强度和断裂韧性比氧化铝系陶瓷有所提高，抗热冲击性能也较好，在加工淬硬钢、冷硬铸铁、石墨制品及玻璃钢等材料时有很好的效果。

(3) 复合氮化硅-氧化铝($Si_3N_4+Al_2O_3$)系陶瓷。该材料具有极好的耐高温性能、抗热冲击和抗机械冲击性能，是加工铸铁材料的理想刀具。其特点之一是能采用大进给量，加之允许采用很高的切削速度，因此可以极大地提高生产率。

常见的陶瓷刀片如图 4 - 5 所示。

图 4-5　陶瓷刀片

4. 立方氮化硼(CBN)

立方氮化硼是靠超高压、高温技术人工合成的新型材料，其结构与金刚石相似。它的硬度略逊于金刚石，但热硬性远高于金刚石，且与铁族元素亲和力小，加工中不易产生积屑瘤。立方氮化硼主要用于加工高硬度的淬硬钢、冷硬铸铁、高温合金等难加工材料。常用的立方氮化硼刀片如图 4-6 所示。

图 4-6　立方氮化硼刀片

5. 聚晶金刚石(PCD)

聚晶金刚石是用人造金刚石颗粒，通过添加 CO、硬质含金、NiCr 、Si-SiC 以及陶瓷结合剂，在高温(1200℃)、高压下烧结成型的刀具，硬度高，耐磨性好，但耐热性差、强度低、脆性大，与铁亲和力强，不宜加工黑色金属。常用的聚晶金刚石刀具如图 4-7 所示。

图 4-7　聚晶金刚石刀具

上述几类刀具材料，从总体上来说，在材料的硬度、耐磨性方面，聚晶金刚石为最高，立方氮化硼、陶瓷、硬质合金到高速钢依次降低；而从材料的韧性来看，则高速钢最高，硬质合金、陶瓷、立方氮化硼、聚晶金刚石依次降低。涂层刀具材料具有较好的实用性能，也是将来实现刀具材料硬度和韧性并存的重要手段。在数控机床中，目前采用最为广泛的刀具材料是硬质合金。因为从经济性、适应性、多样性、工艺性等多方面，硬质合金的综合效果都优于陶瓷、立方氮化硼、聚晶金刚石。

第二节　加工方法的选择与工序编排原则

一、加工方法的选择

机械零件的结构形状是多种多样的，但它们都是由平面、外圆柱面、内圆柱面、曲面等基本表面构成的，具体选择时应该根据零件的加工精度、表面粗糙度、材料、结构形状、尺寸及生产类型等因素选用相应的加工方法和加工方案。

零件加工方法的选择，除了考虑加工质量、零件的结构形状和尺寸、零件材料和硬度以及生产类型外，还要考虑加工经济性。各种表面加工方法所能达到的精度和表面粗糙度都有一个相当大的范围。当精度达到一定程度后，要继续提高加工精度，成本会急剧上升。所以任何一种加工方法获得的精度只在一定的范围内有经济性，这种一定的范围内的加工精度即该加工方法的经济精度。它是指在正常加工的条件下(采用符合质量标准的设备、工艺装备和标准等级的工人且不延长工人加工时间)所能达到的加工精度，相应的表面粗糙度称为经济表面粗糙度。在选择加工方法时，应根据工件的精度要求选择和经济精度相适应的加工方法。

1. 外圆表面加工方法的选择

外圆表面的主要加工方法是车削和磨削。当表面粗糙度要求较高时，还要经过光整加工。

(1) 最终工序为车削加工的加工方案，适用于除淬火钢以外的各种金属。

(2) 最终工序为磨削加工的加工方案，适用于各种钢和铸铁，但不适用于有色金属，因为有色金属韧性大，磨削时易堵塞砂轮。

(3) 光整加工是指不切除或从工件上切除极薄材料层，以减小工件表面粗糙度为目的的加工方法，如研磨、珩磨、精磨、滚压加工等，应放在工艺路线最后阶段进行，加工后的表面光洁度在 $Ra0.8\ \mu m$ 以上，轻微的碰撞都会损坏表面，在光整加工后，都要用绒布进行保护，绝对不准用手或其他物件直接接触工件，以免光整加工的表面，由于工序间转运和安装而受到损伤。光整加工可提高表面精度，但不能改变尺寸精度。

2. 内孔表面加工方法的选择

内孔表面加工方法有钻孔、扩孔、镗孔、磨孔和光整加工，应根据孔的加工要求、尺寸、具体生产条件、批量的大小及毛坯上有无预制孔等情况合理选择。

当孔的直径比较小(小于 20 mm)时，一般采用钻孔——粗绞孔——精绞孔的加工方案或者是钻孔—扩孔—粗绞孔——精绞孔的加工方案；当孔的直径比较大时，一般采用钻孔—扩孔—粗镗孔—精镗孔的加工方案。如果是淬火钢，则可以采用磨削加工。如果毛坯表面没有预制孔，在钻孔前一般先用中心钻钻一个中心孔。

3. 平面加工方法的选择

平面的主要加工方法有铣削、刨削、车削、磨削和拉削等加工方案，精度要求高的平面需经过研磨和刮削加工。

4. 平面轮廓的加工

平面轮廓一般可以采用数控铣、线切割及磨削的加工方案。

5. 曲面的加工

曲面一般采用球头铣刀以“行切法”进行加工，且一般要借助 CAD/CAM 软件进行自动编程。

二、加工阶段的划分

1. 加工阶段

当零件的加工质量要求较高时，往往不能用一道工序来满足加工要求，而要用几道工序逐步达到所要求的加工质量。为了保证加工质量和合理地使用设备、人力，零件的加工过程通常按工序性质分为四个阶段：粗加工、半精加工、精加工和光整加工。各加工阶段的主要任务、目的见表 4-2。

表 4-2 各加工阶段的主要任务和目的

加工阶段	主要任务	目的
粗加工	切除毛坯上大部分多余的金属	使毛坯在形状和尺寸上接近零件成品，提高生产率
半精加工	使主要表面达到一定精度，留有一定的精加工余量，并可完成一些次要表面加工，如扩孔、攻螺纹、铣键槽等	为主要表面的精加工做好准备
精加工	保证各主要表面达到规定的尺寸精度和表面粗糙度要求	全面保证加工质量
光整加工	对零件上精度和表面粗糙度要求很高(IT6 级以上，Ra0.2 以下)的表面，需进行光整加工	主要目的是提高和改善零件表面质量。一般不用于提高位置精度

加工阶段的划分应根据零件的质量要求、结构特点和生产纲领灵活掌握，不应绝对化。加工质量要求不高、工件刚度不好、毛坯精度高、加工余量小、生产纲领不大的工件，可不必划分加工阶段。刚度好的重型工件，由于装夹及运输很费时，也常在一次装夹下完成全部粗、精加工。

对于不划分加工阶段的工件，为减少粗加工中产生的各种变形对加工质量的影响，应在粗加工后松开夹紧机构，停放一段时间，让工件充分变形，然后再用较小的夹紧力重新夹紧，进行精加工。

2. 划分加工阶段的意义

1）保证加工质量

工件在粗加工时，切除金属层较厚，切削力和夹紧力较大，切削温度也较高，将会引起较大的变形。划分加工阶段，粗加工造成的误差可以通过半精加工和精加工纠正，从而保证零件的加工质量。

2）便于及时发现毛坯缺陷

对毛坯的各种缺陷（如铸件的气孔、夹砂和余量不足等），在粗加工后即可发现，便于及时修补或决定报废，以免继续加工造成不必要的浪费。

3）便于安排热处理工序

粗加工后，一般要安排去应力热处理，以消除内应力。精加工前，要安排淬火等最终热处理。热处理引起的变形可以通过精加工予以消除。

4）合理使用设备

粗加工余量大，切削用量大，可采用功率大、刚度好、效率高而精度低的机床。精加工切削力小，对机床破坏小，采用高精度机床。这样安排发挥了设备各自特点，既能提高生产率，又能延长精密设备的使用寿命。

三、加工工序的划分

1. 工序的划分原则

工序的划分可采用两种不同原则，即工序集中和工序分散。

1）工序集中原则

工序集中原则是指每道工序包括尽可能多的加工内容，从而使工序的总数减少。工序集中原则的优点有：有利于采用高效的专用设备和数控设备，提高生产率；减少了工序的数目，缩短了工艺路线，可简化生产的组织，减少机床及操作人员数量，减少占地面积；减少了工件的装夹次数，保证加工表面的相互位置精度，减少辅助时间。但工序集中的设备投资大，调整维修比较复杂，生产准备周期长，不易转产。

2）工序分散原则

工序分散原则是将加工内容分散在较多的工序中进行，每道工序的加工内容比较少，工序的数量很多。流水线生产就是一种典型的工序分散。工序分散的优点有：加工设备和工艺装备结构简单，调整和维修方便，操作简单，易于转产。但工序分散工艺路线长，所需设备及人员较多，占地面积大。

在拟定工艺路线时，工序集中或分散的程度，主要取决于生产规模、零件的结构特点和技术要求，还要考虑工序之间节拍的一致性。

2. 工序的划分方法

（1）按零件加工表面划分。将位置精度要求较高的表面安排在一次装夹中完成，以免多次装夹影响位置精度。

（2）按粗、精加工划分。对毛坯余量较大和加工精度要求较高的零件，应将粗加工和精加工分开，分成两道或多道工序。

(3) 按安装次数划分。以一次装夹完成的那一部分工艺过程为一道工序。这种方法适用于工件的加工内容不多的工件，加工完成后就能达到待检状态。

(4) 按加工部位划分。以完成相同形面的那一部分工艺过程为一道工序，适用加工表面多而复杂的零件，可按其结构特点(如内形、外形、曲面和平面等)划分多道工序。

四、加工顺序的安排

在选定加工方法、划分加工工序后，工艺路线拟定的主要内容就是合理安排这些加工方法和加工工序的顺序。零件的加工工序通常包括切削加工工序、热处理工序和辅助工序等。这些工序的顺序直接影响到零件的加工质量、生产效率和加工成本。因此，在设计工艺路线时，应合理安排好切削加工、热处理和辅助工序的顺序，并解决好工序间的衔接问题。

1. 加工工序的安排

1) 先粗后精

按照粗加工——半精加工——精加工的顺序进行，逐步提高加工精度。这样一方面提高了金属切除率，另一方面满足了精加工的余量均匀性要求。

2) 先近后远

距离对刀点近的部位先加工，距离对刀点远的部位后加工，以便缩短刀具移动距离，减少空行程时间。

3) 内外交叉原则

对既有内表面(内型腔)又有外表面需加工的零件，安排的加工工序是：先进行内外表面的粗加工，后进行内外表面的精加工。切不可将零件上一部分表面(外表面或内表面)全部加工完毕后，再加工其他表面(内表面或外表面)。

4) 基面先行原则

应优先加工用作精基准的表面。这是因为定位基准的表面越精确，装夹误差就越小。例如，轴类零件加工时，通常先加工中心孔，再以中心孔为精基准加工外圆表面和端面。

5) 先主后次原则

应先加工零件的主要工作表面、装配表面，从而及早发现毛坯中主要表面可能出现的缺陷。次要表面可以穿插进行，放在主要表面加工到一定程度后、最终精加工之前进行。

6) 先面后孔原则

箱体、支架类零件的平面轮廓尺寸较大，一般先加工平面，再加工孔和其他尺寸。一方面用加工过的平面定位，稳定可靠；另一方面，在加工过的平面上加工孔比较容易，并能提高孔的加工精度，特别是钻孔时可以使孔的轴线不易偏斜。

2. 热处理工序的安排

为提高材料的力学性能、改善材料的切削加工性能和消除工件的内应力，在工艺过程中要适当安排一些热处理工序。热处理工序在工艺路线中的安排主要取决于零件的材料和热处理的目的。

1) 预备热处理

预备热处理的目的是改善材料的切削性能，消除毛坯制造时的残余应力，改善组织。

其工序位置多在机械加工之前，常用的有退火、正火等。

2）消除残余应力热处理

由于毛坯在制造和机械加工过程中产生的内应力会引起工件变形，影响加工质量，因此要安排消除残余应力热处理。消除残余应力热处理最好安排在粗加工之后、精加工之前。

对于精度要求不高的零件，一般将消除残余应力的人工时效和退火安排在毛坯进入机加工车间之前进行。对精度要求较高的复杂铸件，在机加工过程中通常要安排两次时效处理：铸造—粗加工—时效—半精加工—时效—精加工。

3）最终热处理

最终热处理的目的是提高零件的强度、表面硬度和耐磨性，常安排在精加工工序(磨削加工)之前，常用的有淬火、渗碳、渗氮和碳氮共渗。

3. 辅助工序的安排

辅助工序主要包括检验、清洗、去毛刺、去磁、倒棱边、涂防锈油和平衡等。其中检验工序是主要的辅助工序，是保证产品质量的主要措施之一。在一般情况下，检验工序安排在粗加工全部结束后精加工之前、重要工序之后、工件在不同车间转移前后和工件全部加工结束后。

第三节　工件的装夹与加工路线的确定

一、工件的装夹

1. 定位和夹紧

零件在机床上进行加工时，要合理的确定定位基准和夹紧方案。定位和夹紧是两个不同的概念，一定要注意区分。定位是指为了保证零件加工的精度要求，加工前使工件在机床上或夹具中占有正确位置的过程。而夹紧是指工件定位后将其固定，使其在加工过程中保持定位位置不变的操作。

2. 定位基准的选择

合理选择定位基准对保证工件的尺寸精度和相互位置精度起重要的作用。定位基准有粗基准和精基准两种。毛坯在开始加工时，都是以未加工的表面定位，这种基准面称为粗基准。用已加工的表面作为定位基准面称为精基准。

1）粗基准的选择

(1) 当加工表面和不加工表面有位置精度要求时，应选择不加工表面为粗基准。

(2) 对所有表面都需要加工的工件，应该根据加工余量最小的表面找正，这样不会因位置偏移而造成余量太少的部位加工不出来。

(3) 应选择工件上强度、刚性好的表面作为粗基准。

(4) 粗基准应尽量选择平整光滑的表面。

(5) 粗基准不能重复使用。

2）精基准的选择

（1）基准重合原则。直接选择加工表面的设计基准为定位基准，称为基准重合原则。采用基准重合原则可以避免由定位基准和设计基准不重合而引起的基准不重合误差。

（2）基准统一原则。同一零件的多道工序尽可能选择同一个定位基准，称为基准统一原则。

（3）自为基准原则。对于研磨、铰孔等精加工或光整加工工序要求余量小而均匀，选择加工表面本身作为定位基准，称为自为基准原则。采用自为基准原则时，只能提高加工表面本身的尺寸精度、形状精度，而不能提高加工表面的位置精度。

（4）互为基准原则。为使各加工表面之间具有较高的位置精度，或为使加工表面具有均匀的加工余量，可采取两个加工表面互为基准反复加工的方法进行加工，称为互为基准原则。

（5）便于装夹原则。所选用的精基准应能保证工件定位准确，装夹方便可靠，夹具结构简单适用，操作方便灵活。

二、加工路线的确定

加工路线是指刀具在整个加工过程中的运动轨迹，即刀具从开始运动直到结束运动所经过的路径，包括切削加工路径以及刀具切入、切出等非切削的空行程路径，也称走刀路线。

在确定加工路线时，应主要考虑以下几点：

（1）在保证加工质量的前提下，应尽可能地缩短加工路线，以减少走刀时间；

（2）刀具应沿着工件轮廓的切线方向切入和切出工件，以避免应急剧变向而在轮廓上留下痕迹；

（3）刀具在轮廓切削过程中应尽可能避免停顿，最终轮廓应一次走刀完成，以避免切削力突然变化而造成弹性变形，留下痕迹。

第四节　切削用量的选择和加工余量的确定

一、切削用量的选择

数控机床的切削用量主要包括背吃刀量(切削深度)、切削速度和进给量(进给速度)。三个切削用量中，对切削力影响最大的背吃刀量；对切削温度影响最大的是切削速度，而切削温度对刀具的寿命(或者刀具的耐用度)影响最大。所以在加工过程中，要减小切削力，首先考虑减小切削深度；要降低切削温度(或提高刀具寿命，增加刀具耐用度)，首先考虑降低切削速度。从提高刀具寿命(增加刀具耐用度)角度出发，切削用量选择的方法是：首先选择大的切削深度，其次选择合适的进给速度，最后选择小的切削速度。

1. 背吃刀量

背吃刀量主要根据机床、夹具、工件和刀具的刚度来选择，在刚度允许的情况下，应尽可能选择大的背吃刀量，以提高切削效率。背吃刀量对切削力的影响最大。

2. 进给量(进给速度)

进给量是指主轴每旋转一周，刀具沿进给方向移动的距离，一般用 f 表示，单位为 mm/r，多应用于数控车床。

进给速度是指在单位时间内(一般以分钟为单位)刀具沿进给方向移动的距离，一般用 F 表示，单位为 mm/min，多应用于数控铣床和加工中心。

进给量和进给速度之间的关系可根据机床主轴的转速 n 进行换算，它们之间的关系是：

$$F = f \times n$$

式中 n 为机床主轴转速，单位为 r/min。

3. 切削速度

切削速度是刀具切削刃上的某一选定点相对于待加工表面在主运动方向上的瞬时速度，一般用 v_c表示。它和工件(或刀具)直径、主轴转速有关，它们之间的关系是：

$$v_c = \frac{\pi dn}{1000}$$

式中 n 为机床主轴转速，单位为 r/min；d 为切削刃上选定点所对应的工件(或刀具)的回转直径，单位为 mm；π 为圆周率；v_c 为切削速度，单位为 m/min。

切削速度对加工过程中的切削热的影响最大，从而影响刀具的耐用度。

二、加工余量的确定

1. 加工余量的定义

加工余量是指加工过程中所切去的金属层厚度。余量有工序余量和加工总余量之分。工序余量是相邻两工序的工序尺寸之差；加工总余量是毛坯尺寸与零件图纸的设计尺寸之差。

2. 确定加工余量的方法

1）经验估算法

此方法凭借工艺人员的实践经验估算加工余量，一般用于单件小批量生产。

2）查表修正法

此方法是将工厂生产实践和实验研究积累的有关加工余量的资料制成表格，并汇编成手册。确定加工余量时，可先从手册中查得所需数据，然后再结合工厂的实际情况进行适当修正。这种方法目前应用最广泛。

3）分析计算法

此方法是根据加工余量的计算公式和一定的实验资料，对影响加工余量的各项因素进行综合分析和计算来确定加工余量的一种方法，只在材料十分贵重以及军工生产和少数大量生产的工厂采用。

第五章　数控铣床、加工中心的工艺与编程

第一节　数控铣床与加工中心概述

一、数控铣床的加工特点

数控铣床可以完成钻孔、镗孔、攻螺纹、外形轮廓、平面、平面型腔、三维复杂型面的加工，具体特点如下：

(1) 加工灵活，通用性强。

(2) 加工精度高。

(3) 生产效率高。

(4) 劳动强度低。

数控铣床加工应注意以下问题：

(1) 两坐标联动的加工平面类轮廓，三坐标或多坐标联动的加工立体轮廓。

(2) 有多种插补方式，一般都具有直线和圆弧插补功能，有的还有极坐标插补、抛物线插补、螺旋线插补功能。

二、加工中心的特点

加工中心(MC，Machining Center)是指带有刀库和自动换刀装置，能对工件进行多工序加工的数控机床，其显著的特点是：

(1) 工序集中。

(2) 具有自适应能力，使切削参数随刀具和工件的材质等因素的变化而自动调整。

(3) 有利于现代化的管理。

加工中心适用于形状复杂、多工序、精度要求高的工件，常见的有：

(1) 箱体类零件，多工位的用卧式加工中心，工位少且跨距不大的用立式加工中心。

(2) 复杂曲面类零件，由复杂曲面和曲线构成的零件，如凸轮类、叶轮类、模具类零件。

(3) 异形件，外形不规则的零件，需要点、线、面混合加工，如支架、基座、手机外壳。

(4) 盘、套、板类零件。

(5) 新产品试制中的零件。

第二节　铣削运动与铣削用量

一、铣削加工的基本运动

铣削加工时刀具与工件之间的相对运动称为铣削运动，它包括主运动和进给运动。主运动是消耗机床功率最大的运动，在数控铣削加工中，主运动是铣刀的旋转运动。进给运动是使工件切削层材料相继加入切削，从而加工出完整表面所需的运动。在数控铣削加工中，工作台带动工件的移动为进给运动。

二、顺铣和逆铣

在加工中，铣刀的旋转方向一般是不变的，但进给方向是变化的，就出现了铣削加工中常见的两种现象：顺铣与逆铣，如图 5－1 和图 5－2 所示。

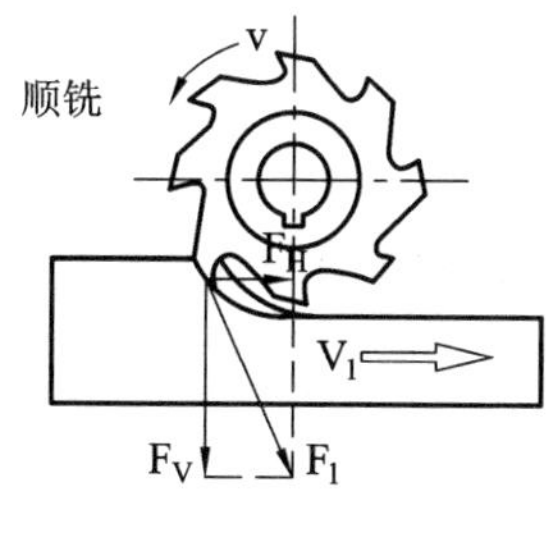

图 5－1　顺铣示意图

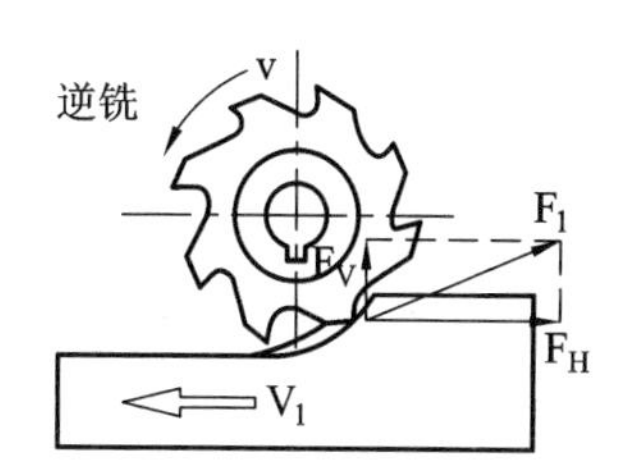

图 5－2　逆铣示意图

顺铣：铣刀与工件接触部位的旋转方向与工件进给方向相同，类似于“挖”。

逆铣：铣刀与工件接触部位的旋转方向与工件进给方向相反，类似于“铲”。

顺铣特点：顺铣时，铣刀刀刃的切削厚度由最大到零，不存在滑行现象，刀具磨损较小，工件冷硬程度较轻。垂直分力 F_v 向下，对工件有一个压紧作用，有利于工件的装夹。但是水平分力 F_H 方向与工件进给方向相同，不利于消除工作台丝杠和螺母间的间隙，切削时振动大。其表面粗糙度较好，适合精加工。

逆铣特点：逆铣时，铣刀刀刃不能立刻切入工件，而是在工件已加工表面滑行一段距离。刀具磨损加剧，工件表面产生冷硬现象，垂直分力 F_v 对工件有一个上抬作用，不利于工件的装夹。但是水平分力 F_H 方向与工件进给方向相反，有利于消除工作台丝杠和螺母间的间隙，切削平稳，振动小。表面粗糙度较差，适合粗加工。

顺铣和逆铣的加工特点比较如表 5－1 所示。

表 5－1　顺铣和逆铣的比较

名称	切削厚度	滑行现象	刀具磨损	工件表面冷硬现象	对工件作用	消除丝杠与螺母间隙	振动	损耗能量	表面光洁度	适用场合
顺铣	从大到小	无	慢	无	压紧	否	大	小	好	精加工
逆铣	从小到大	有	快	有	抬起	是	小	大	差	粗加工

三、铣削用量

编程人员在确定切削用量时，要根据被加工工件材料、硬度、切削状态、刀具等因素进行综合分析。

合理选择切削用量，具体要考虑以下几个因素：

(1) 切削速度 v_c(mm/min)：切削刃上选定点相对于工件的主运动的瞬时速度。v_c的选择主要取决于刀具耐用度。另外，切削速度与加工材料也有很大关系。

(2) 主轴转速 n(r/min)：主轴转速一般根据切削速度 v_c来选定。计算公式为

$$n=\frac{1000v_c}{d\pi},\ v_c=\frac{\pi dn}{1000}$$

(3) 进给量 f：刀具在进给运动方向上相对工件的单位位移量。进给量应根据零件的加工精度和表面粗糙度要求以及刀具和工件材料来选择，三种表述和度量方法分别为每转进给量 f，单位为 mm/r；每齿进给量 f_z，单位为 mm/z；每分钟进给量(进给速度)F，单位为 mm/min。

三种进给量之间的关系为

$$F=nf=f_z zn$$

式中，z 为铣刀的齿数。

(4) 铣削深度 a_p(mm)：平行于铣刀轴线方向上测得的切削层尺寸，也称背吃刀量，主要受机床刚度的限制。在机床刚度允许的情况下，尽可能使背吃刀量等于工序的加工余量，这样可以减少走刀次数，提高加工效率。对于表面粗糙度和精度要求较高的零件，要留有足够的精加工余量，数控加工的精加工余量可比普通机床加工的余量小一些。

(5) 铣削宽度 a_c(mm)：垂直于铣刀轴线方向、工件进给方向上测得的切削层尺寸。

圆周铣和端铣的铣削用量如图 5-3 所示。

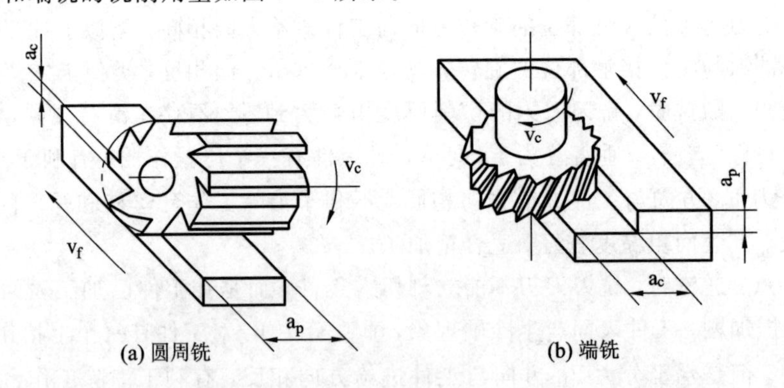

图 5-3　圆周铣与端铣时的铣削用量

第三节　铣床加工中的刀具补偿

一、刀具补偿功能的基本概念

1. 刀位点的概念

在数控编程过程中，为了编程方便，通常将数控刀具假想成一个点，该点称为刀位点

或刀尖点。刀位点是表示刀具特征的点，也是对刀和加工的基准点。数控铣床中常用刀具的刀位点如图 5-4 所示。镗刀的刀位点一般为刀具的刀尖，钻头的刀位点一般为钻头的钻尖，球头铣刀的刀位点为球头的中心，端面铣刀、铰刀和立铣刀的刀位点为底面中心。

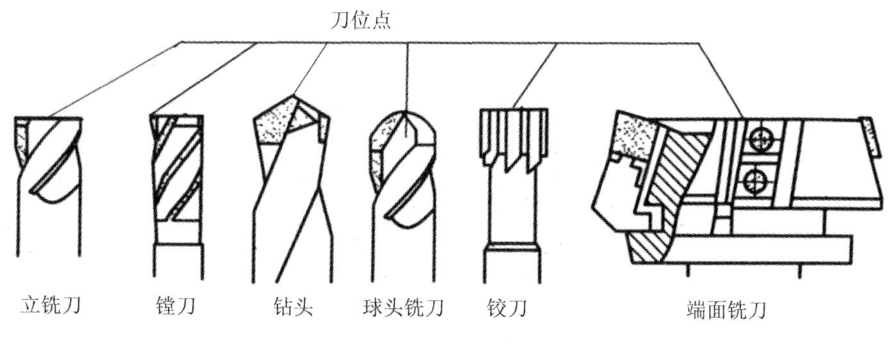

图 5-4　常见刀具的刀位点

2. 刀具补偿功能的概念

数控铣床的刀具补偿功能分为刀具长度补偿功能和刀具半径补偿功能两种。零件加工过程中，同一程序采用不同长度的刀具，其 Z 轴方向的坐标会发生改变。如果直接更改程序中所有的 Z 坐标，是一个非常复杂的过程。数控系统具有根据每把刀具长度建立其长度补偿的功能，只需要更改长度补偿值而不用修改程序中的 Z 坐标，即可实现采用不同长度的刀具运行同一程序进行零件加工，这种功能称为刀具长度补偿功能。数控编程过程中，一般不考虑刀具半径，直接按照工件轮廓进行编程。但在实际加工过程中，刀具切削工件的实际位置并不是刀具的刀位点，即刀具的刀位点与工件的轮廓两者之间相差一个数值(刀具半径或刀尖半径)。数控系统这种使刀具运动轨迹沿零件轮廓自动偏移一个刀具半径值的功能，称为刀具半径补偿功能。

二、刀具长度补偿指令(G43、G44、G49)

1. 刀具长度补偿指令

刀具长度补偿指令是用来补偿实际使用的刀具长度与基准刀具的长度之间差值的指令。在实际加工过程中，一般以一把刀具为基准进行对刀，后续使用的每一把刀具与基准刀具相比，会更长或更短，将实际刀具与基准刀具的长度差值输入到长度补偿存储器中，编程时直接调用。在使用不同长度的刀具时，系统计算 Z 方向坐标时会自动加上或减去相应的长度补偿值，实现不同刀具的长度补偿，数控系统的这种功能称为刀具长度补偿功能。

指令格式为

G43 H __；(刀具长度正补偿“＋”)

G44 H __；(刀具长度负补偿“－”)

G49 或 H00；(取消刀具长度补偿)

说明：H __表示刀具长度补偿存储器的号码，在地址 H 所对应的存储器中存入相应的长度偏置值。执行刀具长度补偿指令时，系统根据补偿的类型，在确定机床的移动的终点坐标时自动"＋"或"－"补偿值。

G43、G44 指令为模态指令，可在程序中保持连续有效。G43、G44 的撤销可以使用 G49 指令或 H00 指令。

2. 应用举例

假设加工过程中使用 3 把刀具，分别为 T1、T2 和 T3，其长度关系如图 5-5 所示。

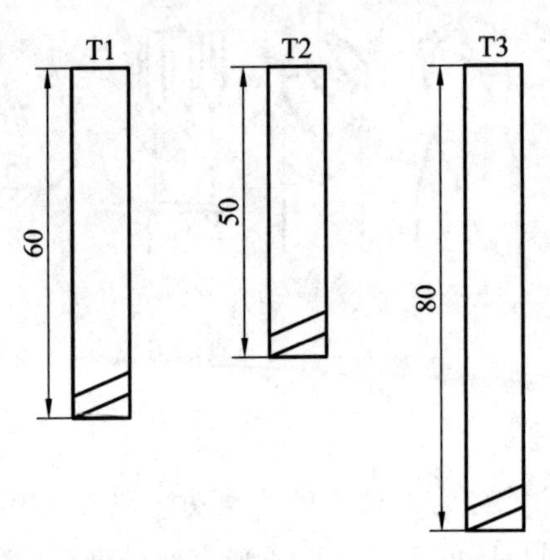

图 5-5　刀具长度补偿

T1 刀具的长度为 60 mm，以 T1 为基准，安装好刀具后，用 T1 碰工件的上表面，输入 Z0 测量，完成第一把刀具的对刀；当更换 T2 时，因为刀具比第一把短，同样碰工件的上表面，主轴应该更往下移动，这时 Z 坐标显示应该为－10；当更换 T3 时，同样碰工件的上表面，这时 Z 坐标显示为 20。如果采用 G43 指令，则 T1 刀具所对应的长度补偿号 H1 应输入 0，T2 对应的 H2 输入－10，T3 对应的 H3 输入 20，编程时各个刀具对应的程序中输入对应的补偿号 H1、H2、H3 即可。

三、刀具半径补偿指令(G41、G42、G40)

1. 刀具半径补偿功能

在编制零件加工程序时，一般都是直接以工件的轮廓尺寸作为刀具轨迹进行编程，而刀具的实际运动轨迹则与工件的轮廓有一偏移量(即刀具半径)，将不同刀具的半径值输入到半径补偿存储器中，编程时直接调用，在使用不同半径的刀具时，系统计算坐标时，会自动沿着工件轮廓向左或向右偏移一个半径补偿值，实现不同刀具的半径补偿。数控系统的这种功能称为刀具半径补偿功能。

指令格式为

G41　X__　Y__　D__；(刀具半径左补偿)

G42　X__　Y__　D__；(刀具半径右补偿)

G40；(取消刀具半径补偿)

说明：D__表示刀具半径补偿存储器的号码，在地址 D 所对应的存储器中存入相应的半径偏置值。执行刀具半径补偿指令时，系统根据补偿的类型，在插补时沿工件轮廓自动向左或向右偏移一个补偿值。

2. 刀具半径补偿的判别方法

刀具半径补偿分左补偿和右补偿，在实际使用过程中可以采用以下方法进行判别：伸出双手，掌心朝上，四指指向刀具运动方向，大拇指由工件指向刀具，符合左手，就是左补偿，用 G41 指令；符合右手，就是右补偿，用 G42 指令，如图 5－6 和图 5－7 所示。

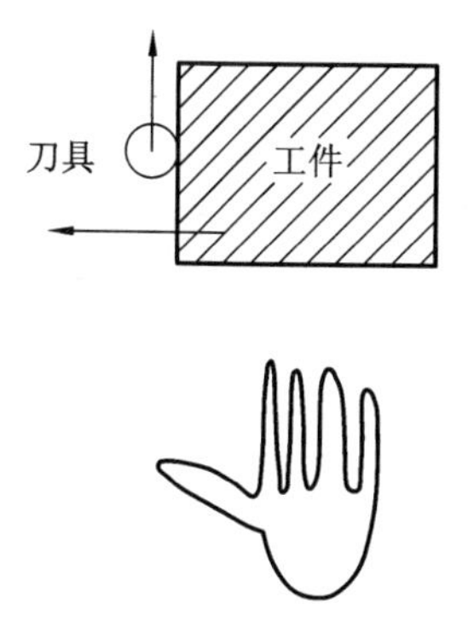

图 5－6　符合左手　(G41)

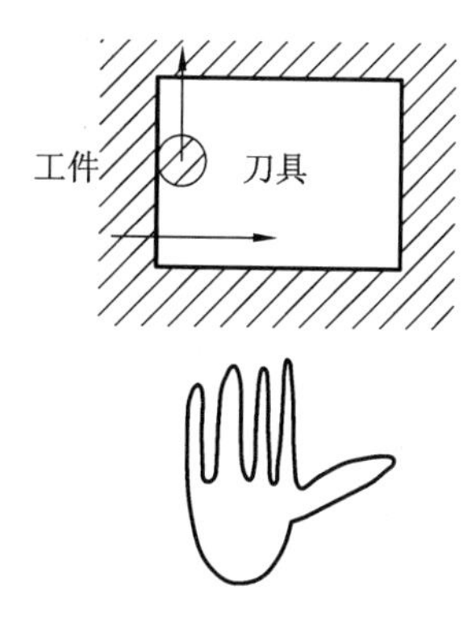

图 5－7　符合右手　(G42)

3. 刀具半径补偿应用的注意点

(1) 刀具半径补偿的建立和撤销必须在直线运动状态下进行，即建立和撤销半径补偿时，刀具必须作直线运动，使用 G00 或 G01 指令，而不能使用圆弧指令 G02 或 G03。

(2) 为确保刀具半径补偿能正确地建立和撤销，建立或撤销刀具半径补偿时刀具的直线移动距离应大于刀具半径值。

(3) 为防止产生过切，应在刀具切入工件前建立好刀具半径补偿，在刀具切出工件后再取消刀具半径补偿。

4. 刀具半径补偿的应用

(1) 避免计算刀具中心轨迹，可直接按零件轮廓进行编程，简化编程。

(2) 刀具因磨损、重磨、更换新刀后而引起刀具直径的变化，不需改变程序，只需改变刀具半径补偿值。

(3) 应用同一程序、同一尺寸的刀具，采用不同的刀具半径补偿值，即可实现粗、精加工。

(4) 通过控制刀具不同的半径补偿值，可实现零件加工精度的控制。

第四节　孔加工固定循环

一、孔加工固定循环概述

在数控加工中，将一些典型的、固定的几个连续的动作用一条 G 指令来代表，这样，只需用单一程序段的程序指令即可完成特定的加工内容。这样的指令称为固定循环指令。常用的固定循环指令如表 5－2 所示。

表 5-2　加工固定循环一览表

类别	G 指令	切入动作	孔底动作	退刀动作	用　途
钻孔加工	G81	切削进给	—	快速进给	钻、点钻循环
	G82	切削进给	暂停	快速进给	钻、锪循环
	G73	间隙进给	—	快速进给	高速深孔循环
	G83	间歇进给	—	快速进给	深孔循环、排屑式
攻螺纹加工	G84	切削进给	暂停-反转	切削进给	右旋攻螺纹
	G74	切削进给	暂停-正转	切削进给	左旋攻螺纹
镗孔加工	G85	间歇进给	—	切削进给	粗镗循环
	G86	切削进给	主轴停	快速进给	半精镗循环
	G87	切削进给	主轴正转	快速进给	反镗循环
	G76	切削进给	主轴定向停止	快速进给	精镗循环
	G89	切削进给	暂停	切削进给	锪、镗循环

孔加工固定循环指令通常由下述 6 个动作构成，如图 5-8 所示，图中实线表示切削进给，虚线表示快速进给。

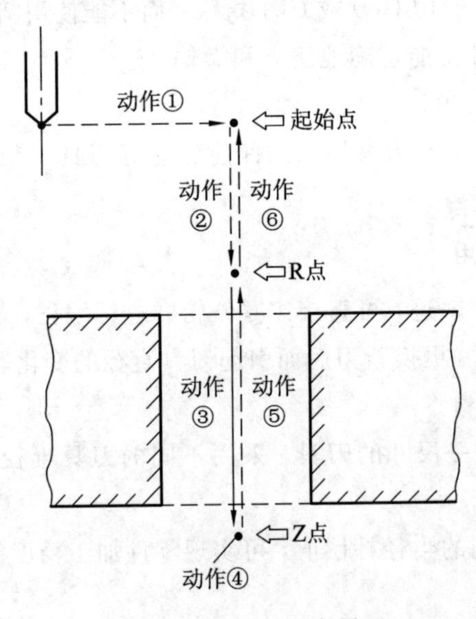

图 5-8　孔加工固定循环

动作 1：X 轴和 Y 轴定位。刀具快速定位到要加工孔的中心位置上方。

动作 2：快进到 R 点。刀具自初始点快速进给到 R 点(准备切削的位置)。

动作 3：孔加工到孔底。根据孔的深度，可以一次加工到孔底，或分段间歇加工到孔底。

动作 4：在孔底的动作。根据孔加工类型的不同，孔底动作也不同。有的不需孔底动作；有的需要暂停动作；有的需要反转；有的需要主轴暂停；有的需要主轴准停、刀具移位等动作。

动作5：返回到R点。从孔中退出，有快速进给、切削进给等不同动作。

动作6：R点快速返回到初始点。这部分在工件之外，一般为快速进给。

初始平面：初始平面是为安全进刀切削而规定的一个平面。初始平面是开始执行固定循环时刀位点的轴向位置。初始平面到零件表面的距离可以任意设定在一个安全的高度上，当使用同一把刀具加工若干孔时，只有孔间存在障碍需要跳跃或全部孔加工完成时，才使用G98指令，使刀具返回初始平面上的初始点。

参考点平面：参考点平面又叫R点平面，这个平面是刀具进刀切削时由快进转为工进的高度平面，距工件表面的距离（这个距离叫引入距离）主要考虑工件表面尺寸的变化，一般可取2～5 mm，使用G99指令时，刀具将返回到该平面的R点。在已加工表面上钻孔、镗孔、铰孔时，引入距离为2～5 mm；在毛坯面上钻孔、镗孔、铰孔时，引入距离为5～8 mm；攻螺纹、铣削时，引入距离为5～10 mm；编程时，根据零件、机床的具体情况选取。

孔底平面：根据孔的深度，可以一次加工到孔底，或分段加工到孔底，又叫间歇进给。加工到孔底后，根据情况还要考虑超越距离。例如，钻头，刃角为118°，轴向超越距离约为0.3d+(1～2)mm；丝锥、镗刀等，根据刀具情况决定超越距离。

孔底动作：根据孔的不同，孔底动作也不同。有的不需孔底动作；有的需暂停动作；有的需主轴反转（变向）；有的需主轴定向停止，并移动一个距离。

不同的固定循环动作可能不同，有的没有孔底动作；有的不退回到初始平面，而只到R点平面。

固定循环的程序格式包括数据表达形式、返回点平面、孔加工方式、孔位置数据、孔加工数据和循环次数。其中数据表达形式可以用绝对坐标G90指令和增量坐标G91指令表示。

固定循环的程序格式如下：

G90(或G91)G98(或G99)G _X _Y _Z _R _Q _P _F _K _;

说明：

(1) G90表示绝对方式编程，G91表示增量方式编程；如图5-9所示，其中图(a)是采用G90的表达形式，图(b)是采用G91的表达形式。

(2) G98(或G99)指定返回点平面，G98为返回初始平面，G99为返回R点平面。

(3) 式中第三个G代码为孔加工方式，即固定循环代码G73、G74、G76和G81～G89中的任一个。固定循环的数据表达形式可以用绝对坐标(G90)和相对坐标(G91)表示，分别如图5-9(a)、(b)所示。数据形式(G90或G91)在程序开始时就已指定，因此，在固定循环程序格式中可不写出。X、Y为孔位数据，指被加工孔的位置；Z为R点到孔底的距离(G91时)或孔底坐标(G90时)；R为初始点到R点的距离(G91时)或R点的坐标值(G90时)；Q指定每次进给深度(G73或G83时)或指定刀具位移增量(G76或G87时)；P指定刀具在孔底的暂停时间；F为切削进给速度；K指定固定循环的次数。G73、G74、G76和G81～G89、Z、R、P、F、Q、I、J都是模态指令。G80、G01～G03等代码可以取消循环固定循环。在固定循环中，定位速度由前面的指令速度决定。

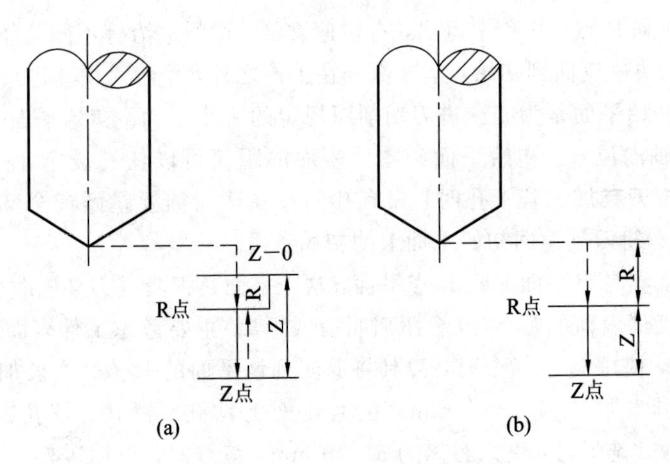

图 5-9 固定循环数据表达形式

二、钻孔循环

1. 钻孔循环 G81

G81 钻孔加工循环指令格式为

G81 G△△ X_ Y_ Z_ R_ F_;

说明：

X、Y 为孔的位置，Z 为孔的深度，F 为进给速度(mm/min)，R 为参考平面的高度。G△△ 可以是G98 或 G99 两个模态指令控制，孔加工循环结束后刀具是返回初始平面还是参考平面；G98 指令返回初始平面，为缺省方式；G99 返回参考平面。

编程时可以采用绝对坐标 G90 指令和相对坐标 G91 指令编程，建议尽量采用绝对坐标编程。

其动作过程如下：

(1) 钻头快速定位到孔加工循环起始点 B(X，Y)；

(2) 钻头沿 Z 方向快速运动到参考平面 R；

(3) 钻孔加工；

(4) 钻头快速退回到参考平面 R 或快速退回到初始平面 B。

G81 指令一般用于加工孔深小于 5 倍直径的孔。

2. 钻孔循环指令 G82

G82 钻孔加工循环指令格式为

G82 G△△ X_ Y_ Z_ R_ P_ F_;

说明：

在指令中，P 为钻头在孔底的暂停时间，单位为 ms(毫秒)，其余各参数的意义同 G81 指令。

该指令在孔底加进给暂停动作，即当钻头加工到孔底位置时，刀具不作进给运动，并保持旋转状态，使孔底更光滑。G82 指令一般用于扩孔和沉头孔加工。

其动作过程如下：

(1) 钻头快速定位到孔加工循环起始点 B(X，Y)；

(2) 钻头沿 Z 方向快速运动到参考平面 R；

(3) 钻孔加工；

(4) 钻头在孔底暂停进给；

(5) 钻头快速退回到参考平面 R 或快速退回到初始平面 B。

3. 高速深孔钻循环指令 G73

对于孔深大于 5 倍直径孔的加工，由于是深孔加工，不利于排屑，故采用啄式进给(分多次进给)，每次进给深度为 Q，最后一次进给深度≤Q，退刀量为 d(由系统内部设定)，直到孔底为止。

G73 高速深孔钻循环指令格式为

G73 G△△ X __ Y __ Z __ R __ Q __ F __；

说明：

在指令中，Q 为每次进给深度，其余各参数的意义同 G81 指令。

其动作过程如下：

(1) 钻头快速定位到孔加工循环起始点 B(X，Y)；

(2) 钻头沿 Z 方向快速运动到参考平面 R；

(3) 钻孔加工，进给深度为 Q；

(4) 退刀，退刀量为 d；

(5) 重复步骤(3)、(4)，直至要求的加工深度；

(6) 钻头快速退回到参考平面 R 或快速退回到初始平面 B。

4. 深孔钻循环指令 G83

G83 深孔钻循环指令格式为

G83 G△△ X __ Y __ Z __ R __ Q __ F __；

说明：

指令中各参数的含义与 G73 指令相同，不同之处在于啄式钻孔时的退刀方式，G73 指令的退刀量为 d(由系统内部设定)，而 G83 指令每次啄式退刀时均退到 R 平面，有利于深孔钻削的排屑。

其动作过程如下：

(1) 钻头快速定位到孔加工循环起始点 B(X，Y)；

(2) 钻头沿 Z 方向快速运动到参考平面 R；

(3) 钻孔加工，进给深度为 Q；

(4) 退刀，退到 R 平面；

(5) 重复步骤(3)、(4)，直至要求的加工深度；

(6) 钻头快速退回到参考平面 R 或快速退回到初始平面 B。

三、攻螺纹循环

1. 攻螺纹循环指令 G84

G84 螺纹加工循环指令格式为

G84 G△△ X __ Y __ Z __ R __ F __；

攻螺纹过程要求主轴转速S与进给速度F成严格的比例关系，因此，编程时要求根据主轴转速计算进给速度，进给速度F=主轴转速×螺纹螺距，其余各参数的意义同G81指令。

使用G84指令攻螺纹进给时主轴正转，退出时主轴反转。与钻孔加工不同的是攻螺纹结束后的返回过程不是快速运动，而是以进给速度反转退出。

该指令执行前，甚至可以不启动主轴，当执行该指令时，数控系统将自动启动主轴正转。

其动作过程如下：

(1) 主轴正转，丝锥快速定位到螺纹加工循环起始点B(X，Y)；

(2) 丝锥沿Z方向快速运动到参考平面R；

(3) 攻丝加工；

(4) 主轴反转，丝锥以进给速度反转退回到参考平面R；

(5) 当使用G98指令时，丝锥快速退回到初始平面B。

2. 左旋攻螺纹循环指令G74

G74螺纹加工循环指令格式为

G74 G△△ X_ Y_ Z_ R_ F_；

与G84指令的区别是：进给时主轴反转，退出时主轴正转。各参数的意义同G84指令。

其动作过程如下：

(1) 主轴反转，丝锥快速定位到螺纹加工循环起始点B(X，Y)；

(2) 丝锥沿Z方向快速运动到参考平面R；

(3) 攻丝加工；

(4) 主轴正转，丝锥以进给速度正转退回到参考平面R；

(5) 当使用G98指令时，丝锥快速退回到初始平面B。

四、镗孔循环

1. 镗孔加工循环指令G85

G85镗孔加工循环指令格式为

G85 G△△ X_ Y_ Z_ R_ F_；

各参数的意义同G81指令。

其动作过程如下：

(1) 镗刀快速定位到镗孔加工循环起始点B(X，Y)；

(2) 镗刀沿Z方向快速运动到参考平面R；

(3) 镗孔加工；

(4) 镗刀以进给速度退回到参考平面R或初始平面B。

2. 镗孔加工循环指令G86

G86镗孔加工循环指令格式为

G86 G△△ X_ Y_ Z_ R_ F_；

与G85指令的区别是：在到达孔底位置后，主轴停止，并快速退出。各参数的意义同G85指令。

其动作过程如下：

(1) 镗刀快速定位到镗孔加工循环起始点 B(X, Y);

(2) 镗刀沿 Z 方向快速运动到参考平面 R;

(3) 镗孔加工;

(4) 主轴停，镗刀快速退回到参考平面 R 或初始平面 B。

3. 镗孔加工循环指令 G89

G89 镗孔加工循环指令格式为

G89G△△ X__ Y__ Z__ R__ P__ F__;

与 G85 指令的区别是：在到达孔底位置后，进给暂停。P 为暂停时间(ms)，其余参数的意义同 G85 指令。

其动作过程如下：

(1) 镗刀快速定位到镗孔加工循环起始点 B(X, Y);

(2) 镗刀沿 Z 方向快速运动到参考平面 R;

(3) 镗孔加工;

(4) 进给暂停;

(5) 镗刀以进给速度退回到参考平面 R 或初始平面 B。

4. 精镗循环指令 G76

G76 镗孔加工循环指令格式为

G76 G△△ X__ Y__ Z__ R__ P__ Q__ F__;

与 G85 指令的区别是：G76 指令在孔底有三个动作，即进给暂停、主轴准停(定向停止)、刀具沿刀尖的反向偏移 Q 值，然后快速退出。这样保证刀具不划伤孔的表面。P 为暂停时间(ms)，Q 为偏移值，其余各参数的意义同 G85 指令。

其动作过程如下：

(1) 镗刀快速定位到镗孔加工循环起始点 B(X, Y);

(2) 镗刀沿 Z 方向快速运动到参考平面 R;

(3) 镗孔加工;

(4) 进给暂停、主轴准停、刀具沿刀尖的反向偏移;

(5) 镗刀快速退出到参考平面 R 或初始平面 B。

5. 背镗循环指令 G87(反向)

G87 背镗加工循环指令格式为

G87 G△△ X__ Y__ Z__ R__ Q__ F__;

各参数的意义同 G76 指令。

其动作过程如下：

(1) 镗刀快速定位到镗孔加工循环起始点 B(X, Y);

(2) 主轴准停、刀具沿刀尖的反方向偏移;

(3) 快速运动到孔底位置;

(4) 刀具沿刀尖正方向偏移回加工位置，主轴正转;

(5) 刀具向上进给，到参考平面 R;

(6) 主轴准停，刀具沿刀尖的反方向偏移 Q 值;

(7) 镗刀快速退出到初始平面 B;

(8) 刀具沿刀尖正方向偏移。

五、取消孔加工循环指令 G80

G80 取消孔加工循环指令格式为

G80;

说明:当固定循环指令不再使用时,应用 G80 指令取消固定循环,而恢复到一般基本指令状态(如 G00、G01、G02、G03 等),此时固定循环指令中的孔加工数据(如 Z 点、R 点值等)也被取消。

六、孔加工编程实例

如图 5-10 所示零件,共有四个圆孔、四个螺纹孔,请使用孔加工循环指令编写加工程序。

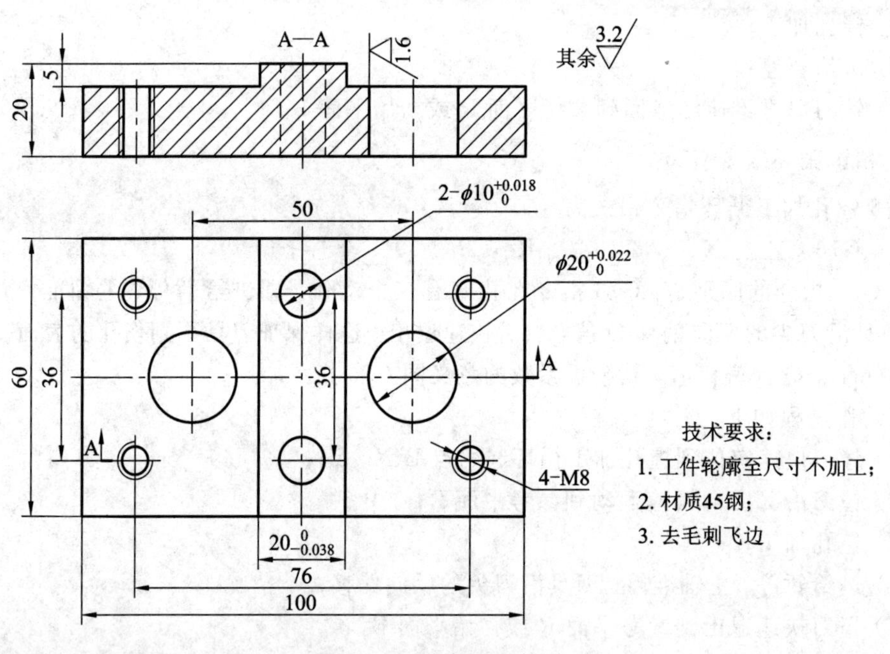

图 5-10 孔加工零件图

参考程序见表 5-3。

表 5-3 参考程序

加 工 程 序	程 序 说 明
O0001	钻 M8 螺纹底孔
T1;	ϕ 6.8 钻头
G00 G54 G17 G90 G40 G80 G69;	初始状态
M03S1600;	
G00X38.0Y18.0;	
G43H02Z20.0;	

续表一

加 工 程 序	程 序 说 明
G01Z10. 0F500；	
G73G98Z－25. 0R－3. 0Q6. 0F120；	
Y－18. 0；	
X－38. 0；	
Y18. 0；	
G49G00Z150. 0；	
M05；	
M30；	
O0002；	钻 ϕ10 的底孔
T2；	ϕ9. 8 钻头
G00 G54 G17 G90 G40 G80 G69；	初始状态
M03S1600；	
G00X0Y18. 0；	
G43H03Z20. 0；	
G01Z10. 0F500；	
G73Z－25. 0R3. 0Q6. 0F120；	
Y－18. 0；	
G49G00Z150. 0；	
M05；	
M30；	
O0003；	钻 ϕ 20 的底孔
T3；	ϕ18 钻头
00 G54 G17 G90 G40 G80 G69；	初始状态
M03S1300；	
G00X25. 0Y0；	
G43H04Z20. 0；	
G01Z10. 0F500；	
G73G98Z－25. 0R－3. 0Q5. 0F90；	
Y－18. 0；	
G49G00Z150. 0；	
M05；	
M30	
O0004；	刚性攻牙

续表二

加工程序	程序说明
T4；	M8 丝锥
G00 G54 G17 G90 G40 G80 G69；	初始状态
G00X38.0Y18.0；	
G43H05Z20.0；	
G01Z10.0F500；	
M29S300；	
G84G98Z－23.0R－1.0F450；	
Y－18.0；	
X－38.0；	
Y18.0；	
G49G00Z150.0；	
M05；	
M30；	
O0005；	铰孔
T5；	ϕ10 铰刀
G00 G54 G17 G90 G40 G80 G69；	初始状态
M3S250；	
G00X0Y18.0；	
G43H06Z20.0；	
G01Z10.0F500；	
G85Z－22.0R3.0F30；	
Y－18.0；	
G49G00Z150.0；	
M05；	
M30；	
O0006；	扩孔
T6；	ϕ10 铣刀
G00 G54 G17 G90 G40 G80 G69；	初始状态
M03S2500；	
G00X25.Y0；	
G43H07Z20.0；	
G01Z－21.0F500；	
G41G01X29.0Y－6.0D02F200；	
G03X34.9Y0R6.0；	
G03I－9.9；	
G03X25.0Y6.0R6.0；	

续表三

加工程序	程序说明
G40G01X25.0Y0;	
G00Z5.0;	
G00X-25.Y0;	
G01Z-21.0F500;	
G41G01X-21.0Y-6.0D02F200;	
G03X-14.9Y0R6.0;	
G03I-9.9;	
G03X-21.0Y6.0R6.0;	
G40G01X-25.0Y0;	
G49G00Z150.0;	
M05;	
M30;	
O0007;	镗孔
T7;	镗刀
G00 G54 G17 G90 G40 G80 G69;	初始状态
M03S1200;	
G00X25.Y0;	
G43H08Z20.0;	
G98G76Z-22.0R-3.0F100;	
X-25.0;	
G49G00Z150.0;	
M05;	
M30;	

第五节　子程序与高级编程方法

一、子程序

1. 子程序的定义

在编制加工程序时，有时会遇到一组程序段在同一个程序中多次出现，或者在几个程序中都要使用它。这个典型的加工程序可以设置固定程序，并单独加以命名，这组程序段就称为子程序。

2. 使用子程序的目的和作用

使用子程序可以减少不必要的重复编程，从而达到简化程序的目的。主程序可以调用子程序，一个子程序也可以调用下一级的子程序。子程序必须在主程序结束指令后建立，其作用相当于一个固定循环。

3. 子程序的调用

子程序一般不可以作为独立的加工程序使用。它只有通过主程序进行调用，才能在主程序中实现加工中的局部动作，调用子程序的指令是一个程序段，其格式视具体的数控系统而定。

FANUC 系统子程序调用格式为

M98　P××××　L××××

其中 M98 表示子程序调用字；P 表示调用的子程序号，L 表示调用的次数。

也可以直接表示为

M98P××××　××××

式中前面四位数表示调用的次数，如调用一次，则可以省略不写，后面四位数表示调用的子程序号。例如：M98P50003 表示调用 3 号子程序 5 次；M98P5003 表示调用 5003 程序 1 次。

由此可见，子程序由程序调用字、子程序号和调用次数组成。□

4. 子程序的返回

子程序返回主程序用指令 M99，它表示子程序运行结束，返回到主程序。

5. 子程序的嵌套

子程序调用下一级子程序称为嵌套。上一级子程序与下一级子程序的关系，与主程序与第一层子程序的关系相同。子程序可以嵌套多少层由具体的数控系统决定。

6. 子程序的应用

在数控铣床和加工中心上，子程序常用来分层铣削，即将零件的轮廓编成子程序，然后通过调用子程序，实现切削深度的改变。

如图 5－11 所示，以工件上表面为 Z 零平面，试编出如图所示铣削零件外轮廓和槽的加工程序(每层 1 mm，用子程序调用方式，并考虑刀具半径补偿，未注圆角 R5)。

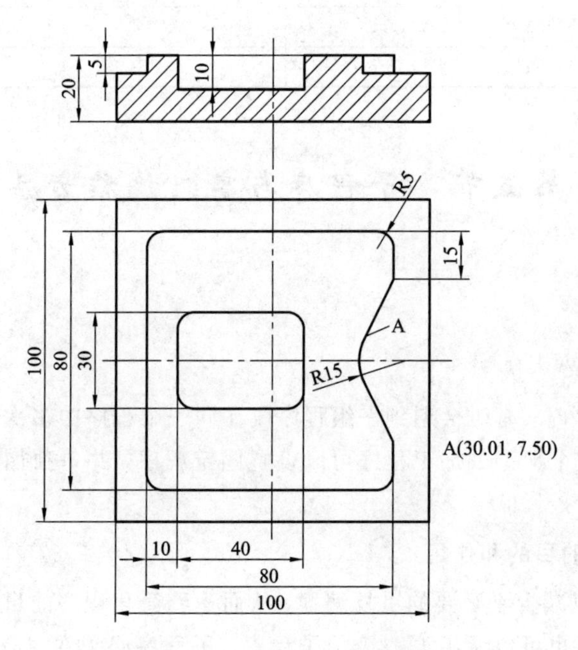

图 5－11　典型铣床加工零件

1）编程原点的确定

将工件的编程原点取在工件上表面的中心处。

2）刀具选择

刀具选择参照表5-4。

表5-4　刀具卡

序号	刀具号	刀具类型	数量	加工面	备注
1	T0101	ϕ10立铣刀	1	外轮廓	
2	T0202	ϕ8立铣刀	1	内轮廓	

3）切削用量的选择

(1) 吃刀量的选择：内、外轮廓每层切削深度均为1 mm。

(2) 转速的选择：内、外轮廓转速均取n=800 r/min。

(3) 进给速度的选择：内、外轮廓均取F=80 mm/min。

4）工艺分析

用平口钳对工件进行定位和装夹，伸出高度为10 mm。

(1) 加工外轮廓时，刀具初始定位点设定在(-60,0)，建立刀具半径左补偿到达定位点(-50，-10)，圆弧入刀到定位点(-40,0)，沿轮廓顺时针加工一圈回到点(-40,0)，圆弧出刀到定位点(-50,10)，取消刀具半径补偿返回到点(-60,0)。

(2) 加工内轮廓时，刀具初始点设定在(-10,0)，斜线下刀到点(0,0)，建立刀具半径左补偿到达定位点(0，-10)，圆弧入刀到定位点(10,0)，沿轮廓逆时针加工一圈回到点(10,0)，圆弧出刀到定位点(0,10)，取消刀具半径补偿返回到点(-10,0)。

5）参考程序

参考程序见表5-5。

表5-5　参考程序

加工程序	程序说明
O0001	外形加工主程序
T1；	ϕ10的立铣刀
G00 G54 G17 G90 G40 G80 G69；	初始状态
M03 S800；	
G00 X-60 Y0；	刀具到初始定位点
G00 G43 Z100 H1；	建立刀具长度补偿
G00 Z0；	Z向下刀到与工件上表面平齐
M98 P50002；	调用2号子程序5次
G00 G49 Z100；	取消长度补偿
M05；	
M30；	主程序结束

续表一

加工程序	程序说明
O0002	外形加工子程序
G91 G00 Z-1；	增量方式，Z 向垂直下刀 1 mm
G90 G41 G01 X-50 Y-10 D1 F150；	绝对方式，建立刀具半径左补偿
G03 X-40 Y0 R10；	圆弧入刀
G01 Y35；	
G02 X-35 Y40R5；	
G01 X35；	
G02 X40 Y35 R5；	
G01 Y25；	
G01 X30.1 Y7.5	
G03 Y-7.5 R15；	
G01 X40 Y-25；	
G01 Y-35；	
G02 X35 Y-40 R5；	
G01 X-35；	
G02 X-40 Y-35 R5；	
G01 X-40 Y0；	切削一周，返回到入刀点
G03 X-50 Y10 R10；	圆弧出刀
G01 G40 X-60 Y0；	取消刀补，返回到初始定位点
M99；	子程序结束
O0003	槽加工主程序
T2；	ϕ8 的立铣刀
G00 G54 G17 G90 G40 G80 G69；	初始状态
M03 S800；	
G00 X-10 Y0；	刀具到初始定位点
G00 G43 Z100 H2；	建立刀具长度补偿
G00 Z10	Z 向先下刀至离工件上表面 10 mm 位置
G01 Z0 F80	以 G01 方式下刀到工件上表面
M98 P100004；	调用 4 号子程序 10 次
G00 G49 Z100；	取消长度补偿
M05；	
M30；	主程序结束
O0004	槽加工子程序

续表二

加工程序	程序说明
G91 G01 X10 Z-1 F80；	增量方式，斜线下刀
G90 G41 G01 X0 Y-10 D2；	绝对方式，建立刀具半径左补偿
G03 X10 Y0 R10；	圆弧入刀
G01 Y10；	
G03 X5 Y15 R5；	
G01 X-25；	
G03 X-30 Y10 R5；	
G01 Y-10；	
G03 X-25 Y-15 R5；	
G01 X5；	
G03 X10 Y-10 R5；	
G01 Y0；	切削一周，返回到入刀点
G03 X0 Y10 R10；	圆弧出刀
G01 G40 X-10 Y0；	取消刀补，返回到初始定位点
M99；	子程序结束

二、比例缩放指令(G51、G50)

1. 各坐标轴按相同比例缩放

各坐标轴按相同比例缩放的指令格式为

G51 X__ Y__ Z__ P__；　　比例缩放开始

…　　比例缩放

G50；　　比例缩放取消

说明：

X__ Y__ Z__为缩放中心的坐标值，P为图形放大倍数；如省略(X，Y，Z)，则以程序原点为缩放中心。例如：G51 P2 表示以程序原点为缩放中心，将图形放大为原来的两倍；G51 X15. Y15. P2 表示以给定点(15，15)为缩放中心，将图形放大为原来的两倍。

2. 各轴按不同比例缩放

各轴可以按不同比例进行缩放，当给定的比例系数为-1时，可获得镜像加工功能。

各坐标轴按不同比例缩放的指令格式为

G51 X__ Y__ Z__ I__ J__ K__；　　比例缩放开始

…　　比例缩放

G50；　　比例缩放取消

说明：

以给定点(X，Y，Z)为缩放中心，I表示X轴比例系数，J为Y轴比例系数，K为Z轴比例系数。

注意事项：

(1) 应在单独程序段指定G51，比例缩放之后必须用G50取消。

(2) 对圆弧插补，通过对各轴使用不同的比例系数，产生的缩放图形并不是一个椭圆。

(3) 采用比例缩放指令进行镜像时，使用圆弧指令，旋转方向反向，即G02变G03、G03变G02。使用刀具半径补偿指令，偏置方向也反向，即G41变G42，G42变G41。

三、坐标旋转指令(G68、G69)

该指令可使编程图形按照指定的旋转中心和旋转方向旋转一定的角度。

坐标旋转指令格式为

G68 X__ Y__ R__；	坐标旋转开始
…	坐标旋转方式
G69；	坐标旋转取消

说明：

X__Y__为旋转中心的坐标值，指定平面的两个轴(由G17、G18、G19确定)。当X、Y省略时，G68指令认为当前位置即为旋转中心。R_ 为旋转角度，逆时针方向旋转取正值，顺时针方向旋转取负值。

注意事项：

(1) 对程序指令进行坐标系旋转之后，再进行刀具偏置计算。

(2) 在G68指令下，不要改变平面选择。

第六节 加工中心的换刀

加工中心与数控铣床的结构基本相同，加工工艺也类似，加工中心与数控铣床的最大区别在于加工中心具有刀库和自动换刀装置。通过在刀库中安装不同用途的刀具，可在一次装夹中通过自动换刀装置更换主轴上的刀具，实现钻、铣、镗、攻螺纹、切槽等多种加工功能，工序高度集中。

1. 刀库的类型

刀库用于存放刀具，它是自动换刀装置中的主要部件之一。根据刀库存放刀具的数目和取刀方式，刀库可设计成不同类型，常见的有斗笠式刀库、圆盘式刀库和链条式刀库这三种类型的刀库。

斗笠式刀库一般应用在立式加工中心和龙门加工中心上，斗笠式刀库具有结构简单、维护方便、性价比高等特点，其换刀速度在8 s之内。换刀时，由斗笠上下移动完成换刀动作，当主轴上的刀具进入刀库的卡槽时，主轴向上移动脱离刀具，这时刀库转动。当要换的刀具对正主轴正下方时，主轴下移，使刀具进入主轴锥孔内，夹紧刀具后，刀库退回原来位置，如图5-12所示。

图 5 - 12　斗笠式刀库

圆盘式刀库又叫机械手刀库，应用比较广泛，几乎可以应用到各大类型的加工中心上，比如立式加工中心、卧式加工中心、高速加工中心、龙门加工中心等类型的加工中心上。此类刀库使用机械手换刀，具有换刀速度快、结构复杂等特点，其换刀速度在 4 s 之内。换刀时，由机械手臂同时拔出刀库中及主轴上的刀具，旋转 180°同时插入刀具，如图 5 - 13 所示。

图 5 - 13　圆盘式刀库

链条式刀库一般在卧式加工中心和龙门加工中心的使用比较多，而立式加工中心使用链条式刀库比较少。链条式刀库具有刀具容量大、换刀速度快等特点，其换刀速度也在 4 s 之内。换刀时，由链条将要换的刀具传到指定位置，再由机械手将刀具装到主轴上，如图 5 - 14 所示。

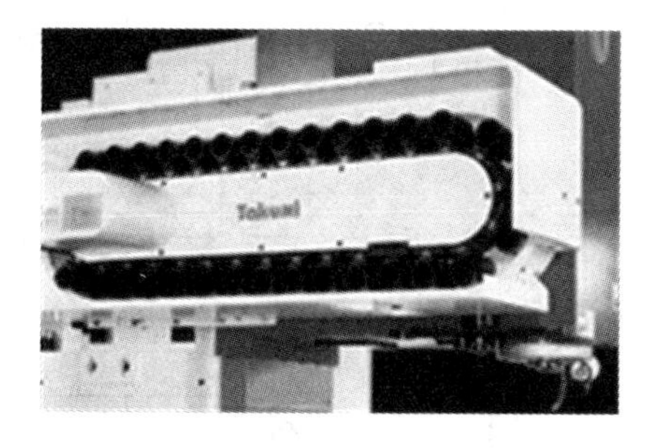

图 5 - 14　链条式刀库

2. 加工中心自动换刀原理

数控加工中心刀库的种类不同，但换刀的过程是一样的。加工过程中应尽可能减少数控机床加工中心的非故障停机时间，达到缩短产品的制造周期、提高产品的加工精度等目标。对自动换刀装置的基本要求主要是结构简单、功能可靠、交换迅速、刀具交换机构完成刀库里的刀（新刀）与主轴上的刀（旧刀）的交换工作。

自动换刀装置性能的好坏直接影响加工效率的高低。当自动换刀装置收到换刀指令后，主轴立刻停止转动并准确停至换刀位置，松刀；新刀随着刀库运动到换刀位置，松刀；双臂机械手将新、旧刀具同时抓起，刀具交换台回转到位后，将新、旧两刀分别旋转在主轴上和刀库的空位置上；主轴夹紧，并回到初始的加工位置，完成换刀过程。

3. 换刀方式

数控机床的自动换刀装置中，实现刀库与机床主轴之间传递和装卸刀具的装置称为刀具交换装置。换刀方式有以下两种：

（1）无机械手换刀。必须首先将用过的刀具送回刀库，然后再从刀库中取出新刀具，这两个动作不可能同时进行，因此换刀时间长。

（2）机械手换刀。采用机械手进行刀具交换的方式应用得最为广泛，这是因为机械手换刀有很大的灵活性，而且可以减少换刀时间。

第七节　数控铣床编程综合实例

铣床编程实例如表 5-6 所示。

表 5-6　铣床编程实例

零件名称	孔轴配合套件	零件材料	6061	毛坯规格	82mm×82mm×30mm、82mm×82mm×15mm

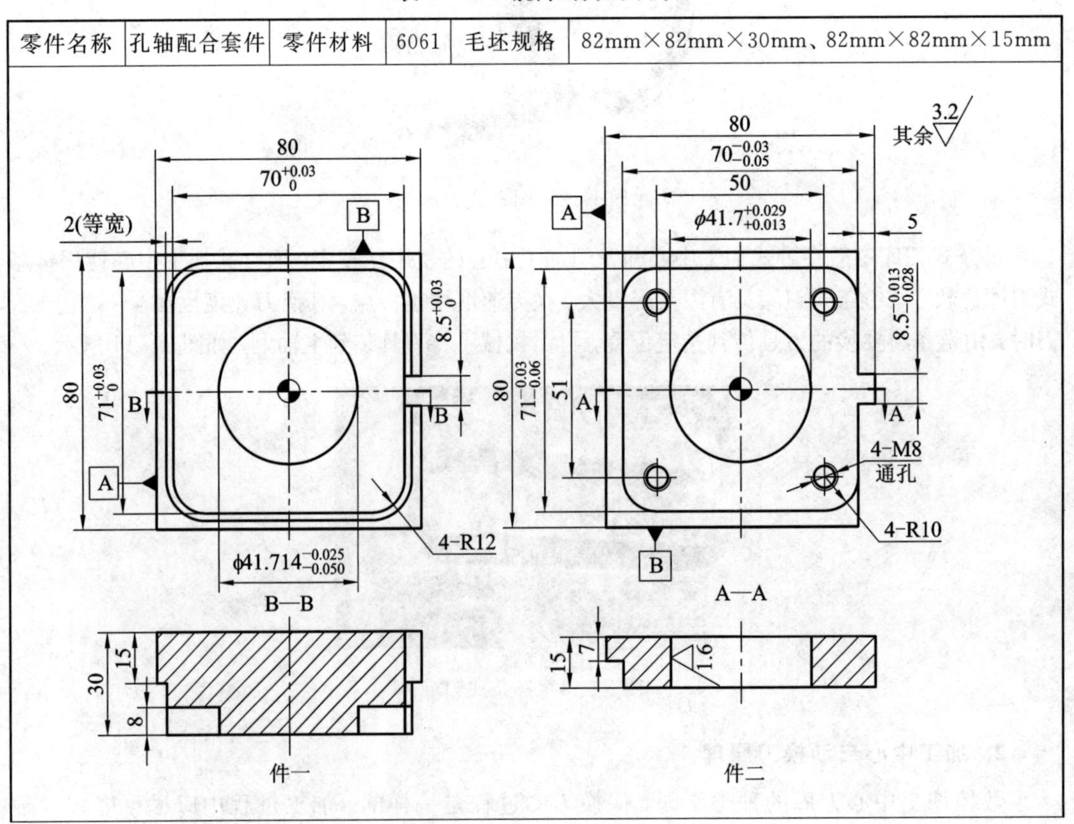

续表

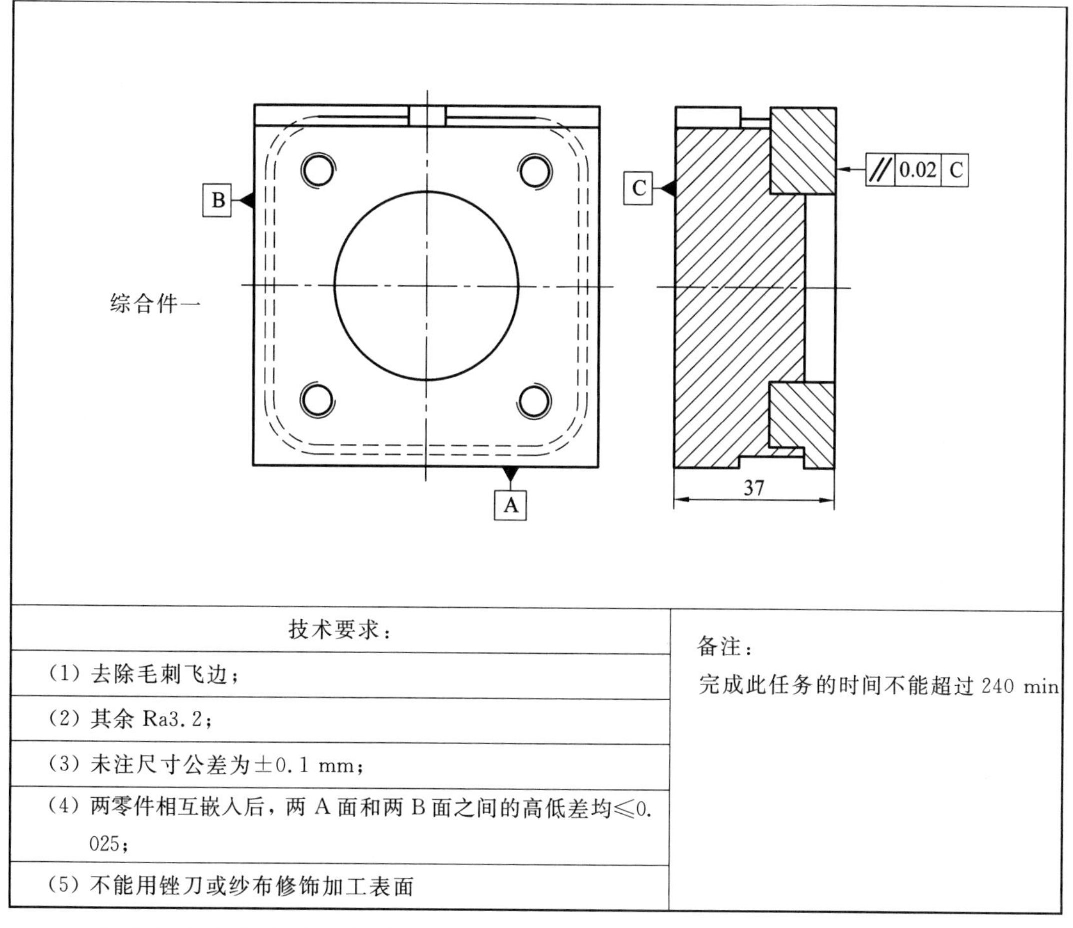

技术要求：	备注： 完成此任务的时间不能超过 240 min
(1) 去除毛刺飞边；	
(2) 其余 Ra3.2；	
(3) 未注尺寸公差为±0.1 mm；	
(4) 两零件相互嵌入后，两 A 面和两 B 面之间的高低差均≤0.025；	
(5) 不能用锉刀或纱布修饰加工表面	

1. 零件图样与技术要求分析

零件表面由正方圆角凸台、沟槽、内螺纹、圆柱孔、圆柱凸台、方形凸台等特征构成。零件结构合理，尺寸标注完整，轮廓表述清楚。

1) *尺寸精度*

本零件中精度要求较高的尺寸有内孔 $\phi41.7^{+0.029}_{+0.013}$、圆柱凸台 $\phi41.7^{-0.02}_{-0.025}$、方形凸台长度 $8.5^{-0.013}_{-0.028}$、沟槽宽 $8.5^{+0.03}_{0}$ 等尺寸；配合面的高低差不大于 0.025 mm，其他未注公差不大于±0.1 mm。

2) *形位精度*

主要的形位精度是：件一与件二互嵌入后，两表面的平行度不大于 0.02 mm，两 A 面和两 B 面之间的高低差不大于 0.025 mm。该零件有多处配合，除孔与轴配合外，还涉及槽与凸台的配合，对零件的装夹与找正要求较高，垫块与平口钳应具有较高的制造精度。

3) *表面粗糙度*

其中内孔 $\phi41.7^{+0.029}_{+0.013}$ 的表面粗糙度要求为 Ra1.6，其余要求至少为 Ra3.2。

2. 制定和填写加工工序单、加工准备单

详细的加工工序单见表 5-7，需要特别注意的是，在执行件一与件二第 3 道工序的时候，一定要用百分表仔细地对工件进行校正，否则无法保证配合。加工准备单见表 5－8。加工程序单见表 5－9。

表 5－7　加工工序单

零件名称	凸台件配合与加工	零件材料	6061	毛坯规格	82mm×82mm×30mm、82mm×82mm×15mm		
装夹	简　图	工序号	工序	刀具编号	转速 r/mm	进给 mm/r	切深 mm
件一第一次装夹	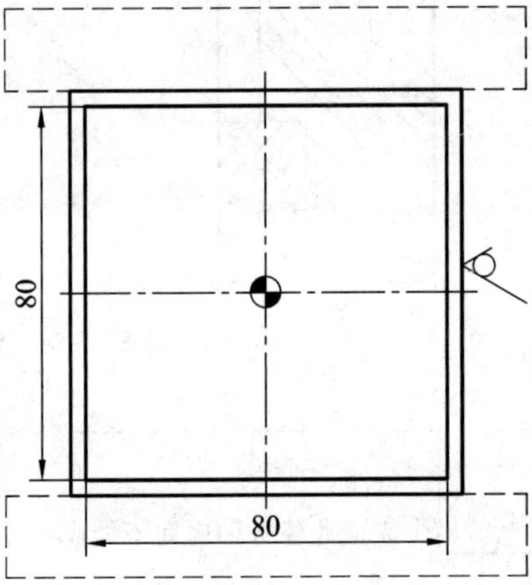	01	铣削平面	—01	1500	300	0.2
		02	铣削外轮廓至尺寸 80×80	02	1200	300	10
第二次装夹	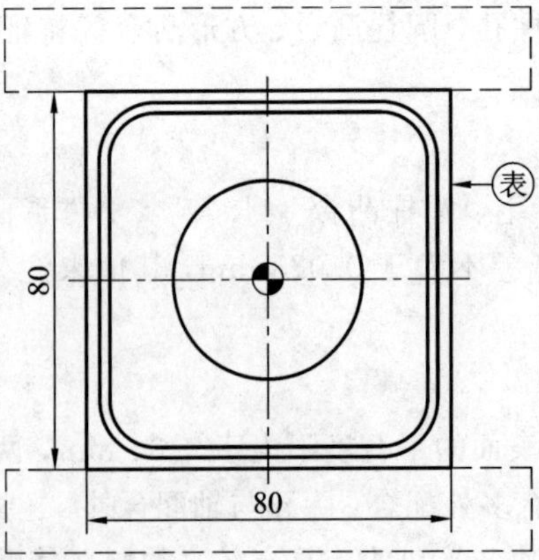	03	用百分表校正	/	/	/	/
		04	铣削平面	01	1500	300	0.2
		05	粗铣削内轮廓 70×71、外轮廓、内圆柱凸台 ϕ41.7，单边留 0.15 mm	02	1500	300	3
		06	半精铣内轮廓 70×71、外轮廓、内圆柱凸台 ϕ41.7，单边留 0.05mm	03	2000	250	16
		07	精铣内轮廓 70×71、外轮廓、内圆柱凸台 ϕ41.7 至尺寸公差要求	03	2000	250	16

续表一

装夹	简图	工序号	工序	刀具编号	转速 r/mm	进给 mm/r	切深 mm
第三次装夹	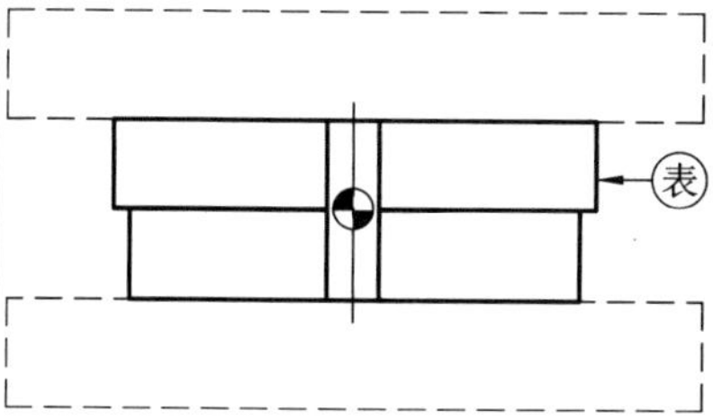 表	08	用百分表校正	/	/	/	/
		09	粗铣削沟槽 8.5，单边留 0.15 mm	04	1800	250	2.5
		10	半精铣削沟槽 8.5，单边留 0.05 mm	04	2200	200	5
		11	精铣削沟槽 8.5 至尺寸公差要求	04	2200	200	5
件二　第一次装夹	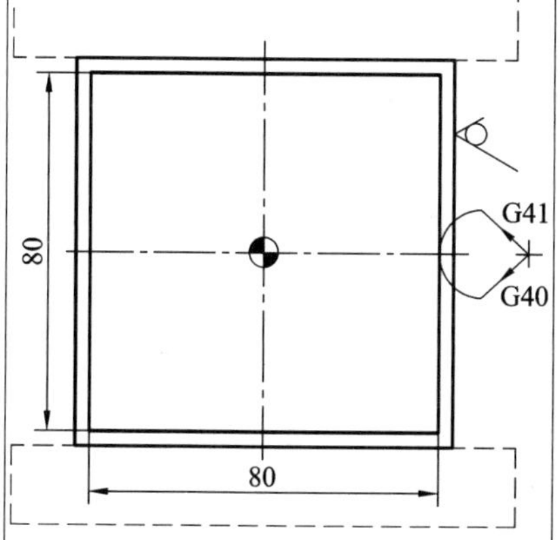 80 80 G41 G40	01	铣削平面	01	1500	300	0.2
		02	铣削外轮廓至尺寸 80×80	01	1200	300	5

续表二

装夹	简　图	工序号	工序	刀具编号	转速 r/mm	进给 mm/r	切深 mm
第二次装夹	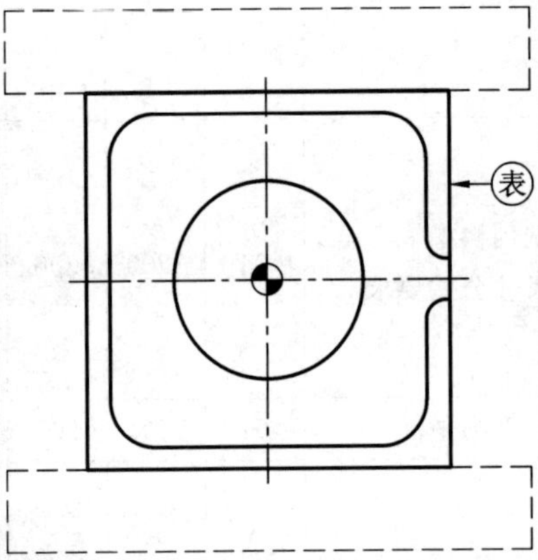	03	用百分表校正	/	/	/	/
		04	粗铣削外轮廓 70×71，内轮廓 ϕ41.7，单边留 0.15 mm	02	1500	300	4
		05	半精铣外轮廓 70×71，单边留 0.05 mm	03	2000	250	8
		06	精铣外轮廓 70×71 至尺寸公差要求	03	2000	200	8
		07	精镗内轮廓 ϕ41.7 至尺寸公差要求	05	1300	150	16
		08	钻中心孔	06	2000	150	4
		09	钻螺纹底孔	07	1500	100	13
		10	攻螺纹	08	300	300	10
第三次装夹	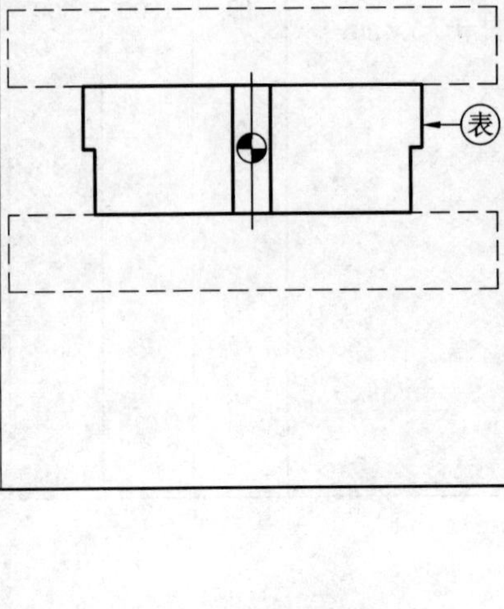	11	用百分表校正	/	/	/	/
		12	粗铣削凸台 8.5，单边留 0.15 mm	04	1800	250	2.5
		13	半精铣削凸台 8.5，单边留 0.05 mm	04	2200	200	5
		14	精铣削凸台 8.5 至尺寸公差要求	04	2200	200	5

表 5-8　加工准备单

零件名称	凸台件 配合与加工	零件材料	6061	毛坯规格	82mm×82mm×30mm、 82mm×82mm×15mm
序号	名称	规格	单位	数量	备　注
01	数控铣床	XK714G	台	1	配备 FANUC 0i Mate-MD 系统
02	平口钳	开口宽度 240	个	1	机械手动式
03	扳手		把	1	
04	6061	82mm×82mm×30mm、 82mm×82mm×15mm	件	各 1	
05	四刃立铣刀	ϕ16	把	1	高速钢，刀具编号 01
06	四刃立铣刀	ϕ12	把	1	高速钢，刀具编号 02
07	四刃立铣刀	ϕ10	把	1	高速钢，刀具编号 03
08	四刃立铣刀	ϕ8	把	1	高速钢，刀具编号 04
09	中心钻	ϕ3	把	1	高速钢，刀具编号 06
10	麻花钻	ϕ7.1	把	1	高速钢，刀具编号 07
11	丝锥	M8	把	1	高速钢，刀具编号 08
12	精镗刀	ϕ40～ϕ45	把	1	
13	螺纹塞规	M8	把	1	
13	钢板直尺	0～100 mm	把	1	
14	游标卡尺	0～150 mm	把	1	
15	千分尺	25～50 mm、 50～75 mm、 75～100 mm	把	各 1	
16	半径样板	R10、R12	片	1	
18	百分表	量程 5 mm	个	1	
19	内径测杆	35～50 mm	套	1	
20	磁性表座		套	1	
21	其他	铜棒、铜皮、计算器		各 1	

表 5－9　加工程序单

<table>
<tr><td>零件名称</td><td>凸台件配合与加工</td><td>零件材料</td><td>6061</td><td>毛坯规格</td><td colspan="2">82mm×82mm×30mm、82mm×82mm×15mm</td></tr>
<tr><td colspan="7">第一次装夹</td></tr>
<tr><td>程序段号</td><td colspan="4">程序内容</td><td>程序说明</td><td>工序号</td></tr>
<tr><td>N005</td><td colspan="4">O0001(面铣削)</td><td>程序号</td><td rowspan="20">01</td></tr>
<tr><td>N010</td><td colspan="4">G40G90G17G80G54G49;</td><td>程序初始化</td></tr>
<tr><td>N015</td><td colspan="4">M03S1500;</td><td>主轴正转，每分钟 1500 转</td></tr>
<tr><td>N020</td><td colspan="4">G0X55.0Y－35.0;</td><td>X、Y 轴定位</td></tr>
<tr><td>N025</td><td colspan="4">G43H01Z5.0;</td><td>建立长度补偿</td></tr>
<tr><td>N030</td><td colspan="4">M08;</td><td>开启冷却液</td></tr>
<tr><td>N035</td><td colspan="4">G01Z－0.3F500;</td><td>Z 轴下刀</td></tr>
<tr><td>N040</td><td colspan="4">X－55.0F300;</td><td rowspan="11">描述零件轮廓形状</td></tr>
<tr><td>N045</td><td colspan="4">Y－20.0;</td></tr>
<tr><td>N050</td><td colspan="4">X55.0;</td></tr>
<tr><td>N055</td><td colspan="4">Y－5.0;</td></tr>
<tr><td>N060</td><td colspan="4">X－55.0;</td></tr>
<tr><td>N065</td><td colspan="4">Y10.0;</td></tr>
<tr><td>N070</td><td colspan="4">X55.0;</td></tr>
<tr><td>N075</td><td colspan="4">Y25.0;</td></tr>
<tr><td>N080</td><td colspan="4">X－55.0;</td></tr>
<tr><td>N085</td><td colspan="4">Y35.0;</td></tr>
<tr><td>N090</td><td colspan="4">X55.0;</td></tr>
<tr><td>N095</td><td colspan="4">G00G49Z150.0;</td><td>取消长度补偿，Z 轴抬刀</td></tr>
<tr><td>N100</td><td colspan="4">M05;</td><td>主轴停止</td></tr>
<tr><td></td><td colspan="4">M30;</td><td>程序结束，返回参考点</td></tr>
<tr><td></td><td colspan="4">O0002(外轮廓精加工)</td><td>程序号</td><td rowspan="9">02</td></tr>
<tr><td></td><td colspan="4">G40G90G17G80G54G49;</td><td>程序初始化</td></tr>
<tr><td></td><td colspan="4">M03S2000;</td><td>主轴正转，每分钟 2000 转</td></tr>
<tr><td></td><td colspan="4">G0X55.0 Y0;</td><td>X、Y 轴定位</td></tr>
<tr><td></td><td colspan="4">G43H02Z5.0;</td><td>建立长度补偿</td></tr>
<tr><td></td><td colspan="4">M08;</td><td>开启冷却液</td></tr>
<tr><td></td><td colspan="4">G01Z0 F500;</td><td>定位到工件上表面</td></tr>
<tr><td></td><td colspan="4">M98P21001;</td><td>调用子程序</td></tr>
<tr><td></td><td colspan="4">O1001;</td><td>子程序号</td></tr>
</table>

续表一

程序段号	程序内容	程序说明	工序号
	G91G01Z－10. F500；	Z 轴下刀	02
	G90G41X50. 0Y10. 0D02F300；	建立刀具半径补偿	
	G03X40. 0Y0R10. 0；	描述零件轮廓形状	
	G01Y－40. 0；		
	G01X－40. 0；		
	G01Y40. 0；		
	G01X40. 0；		
	G01Y0；		
	G03X50. 0Y－10. 0R10. ；		
	G40G01X55. 0Y0；	取消刀具半径补偿	
	M99；	子程序结束	
	G00G49Z150. 0；	取消长度补偿，Z 轴抬刀	
	M05；	主轴停止	
	M30；	程序结束，返回参考点	
第二次装夹			
程序段号	程序内容	程序说明	工序号
	O0003(面铣削)	程序号	03
	G40G90G17G80G54G49；	程序初始化	
	M03S1200；	主轴正转，每分钟 1200 转	
	G0X55. 0Y－35. 0；	X、Y 轴定位	
	G43H01Z5. 0；	建立长度补偿	
	M08；	开启切削液	
	G01Z－0. 3F500；	Z 轴下刀	
	X－55. 0F300；	描述零件轮廓形状	
	Y－20. 0；		
	X55. 0；		
	Y－5. 0；		
	X－55. 0；		
	Y10. 0；		
	X55. 0；		
	Y25. 0；		
	X－55. 0；		
	Y35. 0；		
	X55. 0；		

续表二

程序段号	程序内容	程序说明	工序号
	G00G49Z150.0；	取消长度补偿，Z轴抬刀	03
	M05；	主轴停止	
	M30；	程序结束，返回参考点	
	O0004(轮廓精加工)	程序号	04
	G54G40G80G90G17G49；	程序初始化	
	M3S2000；	主轴正转，每分钟2000转	
	G00X55.0Y0；	X、Y轴定位	
	G43H03Z5.0；	建立长度补偿	
	M08；	开启冷却液	
	G01Z-15.0F500；	Z轴下刀	
	G41G01X47.0Y10.0D03F250；	建立半径补偿	
	G3X37.0Y0R10.0；	描述零件轮廓形状	
	G01Y-25.0；		
	G02X25.0Y-37.0R12.0；		
	G01X-25.0；		
	G02X-37.0Y-25.0R12.0；		
	G01Y25.0；		
	G02X-25.0Y37.0R12.0；		
	G01X25.0；		
	G02X37.0Y25.0R12.0；		
	G01Y0；		
	G03X47.0Y-10.0R10.0；		
	G40G1X55.0Y0F500；	取消半径补偿	
	G49G00Z150.0；	取消长度补偿，Z轴抬刀	
	M05；	主轴停止	
	M30；	程序结束，返回参考点	
	O0005(内轮廓精加工)	程序号	05
	G54G40G80G90G17G49；	程序初始化	
	M3S2000；	主轴正转，每分钟2000转	
	G00X-25.0Y25.5；	X、Y轴定位	
	G43H03Z5.0	建立长度补偿	
	M08；	开启切削液	
	G01Z-8.0F200；	Z轴下刀	
	G90G41X7.0Y28.5D03F300；	建立半径补偿	

续表三

程序段号	程序内容	程序说明	工序号
	G03X0Y35.5R7.0；	描述零件轮廓形状	05
	G01X25.0；		
	G03X35.0Y25.5R10.0；		
	G01Y25.5；		
	G03X25.0Y－35.5R10.0；		
	G01X25.0；		
	G03X35.0Y－25.5R10.0；		
	G01Y25.5；		
	G03X25.0Y35.5R10.0；		
	G01X0；		
	G03X－7.0Y28.5R10.0；		
	G40G1X－25.0Y25.5；	取消半径补偿	
	G49G00Z150；	取消长度补偿，Z 轴抬刀	
	M05；	主轴停止	
	M30；	程序结束，返回参考点	
	O0007(圆台精加工)；	程序号	06
	G54G40G80G90G17G49；	程序初始化	
	M3S2000；	主轴正转，每分钟 2000 转	
	G00X－15.0Y25.5；	X、Y 轴定位	
	G43H03Z5.0；	建立长度补偿	
	M08；	开启冷却液	
	G01Z－8.0F200；	Z 轴下刀	
	G41G01X－7.0Y27.85D03F250；	建立半径补偿	
	G03X0Y20.85R7.0；	描述零件轮廓形状	
	G02J－20.85；		
	G03X7.0Y27.85R7.0；		
	G00G49Z150；	取消长度补偿，Z 轴抬刀	
	G40G00X－15.0Y25.5；	取消半径补偿	
	G0G49Z150；	取消长度补偿	
	M05；	主轴停止	
	M30；	程序结束，返回参考点	

续表四

第三次装夹			
程序段号	程序内容	程序说明	工序号
	O0006；	程序号(侧面铣削)	07
	G54G40G80G90G17G49；	程序初始化	
	M3S2000；	主轴正转，每分钟2000转	
	G00X0Y－25.0；	X、Y轴定位	
	G43H04Z5.0；	建立长度补偿	
	M08；	开启冷却液	
	G01Z－6.0；	Z轴下刀	
	G41G01X4.25Y－20.D04F250；	建立半径补偿	
	G01Y20.0；	描述零件轮廓形状	
	G01X－4.25；		
	G01Y－20.0；		
	G40G01X0Y－25.0；	取消半径补偿	
	G00G49Z150.0；	取消长度补偿，Z轴抬刀	
	M05；	主轴停止	
	M30；	程序结束，返回参考点	
第四次装夹			
程序段号	程序内容	程序说明	工序号
	O0007(面铣削)；	程序号	08
	G40G90G17G80G54G49；	程序初始化	
	M03S1500；	主轴正转，每分钟1500转	
	G0X55.0Y－35.0；	X、Y轴定位	
	G43H1Z5.0；	建立长度补偿	
	M08；	开启冷却液	
	G01Z－0.3F500；	Z轴下刀	
	X－55.0F300；	描述零件轮廓形状	
	Y－20.0；		
	X55.0；		
	Y－5.0；		
	X－55.0；		

续表五

程序段号	程序内容	程序说明	工序号
	Y10.0;	描述零件轮廓形状	08
	X55.0;		
	Y25.0;		
	X-55.0;		
	Y35.0;		
	X55.0;		
	G00G49Z150.0;	取消长度补偿，Z轴抬刀	
	M05;	主轴停止	
	M30;	程序结束，返回参考点	
第五次装夹			
程序段号	程序内容	程序说明	工序号
	O0008(轮廓精加工);	程序号	
	G54G49G80G90G17G40;	程序初始化	09
	M3S2000;	主轴正转，每分钟2000转	
	G00X-55.0Y0;	X、Y轴定位	
	G43H03Z5.0;	建立长度补偿	
	M08;	开启冷却液	
	G1Z-8.0F500;	Z轴下刀	
	G41G1X-45.0Y-10.0D01F250;	建立刀具半径补偿	
	G03X-35.0Y0R10.0;	描述零件轮廓形状	
	G01Y25.5;		
	G02X-25.0Y35.5R10.0;		
	G01X25.0;		
	G02X35.0Y25.5R10.0;		
	G01Y5.0;		
	G01X45.0;		
	G01Y-5.0;		
	G01X35.0;		
	G01Y-25.5;		
	G02X25.5Y-35.5R10.0;		
	G01X-25.0;		
	G02X-35.0Y-25.5R10.0;		

续表六

程序段号	程序内容	程序说明	工序号
	G01Y0;	描述零件轮廓形状	09
	G03X-45.0Y10.0R10.0;		
	G40G01X55.0Y0;	取消半径补偿	
	G49G00Z150.0;	取消长度补偿，Z轴抬刀	
	M05;	主轴停止	
	M30;	程序结束，返回参考点	
	O0009(内孔精加工);	程序号	10
	G54G49G80G40G17G90;	程序初始化	
	M03S2000;	主轴正转，每分钟2000转	
	G0X0Y0;	X、Y轴定位	
	G43H03Z5.0;	建立长度补偿	
	M08;	开启冷却液	
	G01Z-16.0F500;	Z轴下刀	
	G41G01X10.65Y10.0D03F250;	建立半径补偿	
	G03X20.75Y0R10.0;	描述零件轮廓形状	
	G02I-20.75;		
	G03X10.75Y-10.0R10.0;		
	G40G01X0Y0;	取消半径补偿	
	G49G00Z150.0;	取消长度补偿，Z轴抬刀	
	M05;	主轴停止	
	M30;	程序结束，返回参考点	
	O0010(镗孔);	程序号	11
	G54G49G80G40G17G90;	程序初始化	
	M3S1200;	主轴正转，每分钟1200转	
	G0X0Y0;	X、Y轴定位	
	G43H4Z5.0;	建立长度补偿	
	G85Z-16.0F120;	轮廓描述	
	G00G49Z150.0;	取消长度补偿，Z轴抬刀	
	M05;	主轴停止	
	M30;	程序结束，返回参考点	
	O00011(钻中心孔);	程序号	
	G54G49G80G40G17G90;	程序初始化	

续表七

程序段号	程序内容	程序说明	工序号
	M03S2000；	主轴正转，每分钟 2000 转	12
	G0X0Y0；	X、Y 轴定位	
	G43H05Z5.0；	建立长度补偿	
	M08；	开启冷却液	
	G81G01X20.0Y20.0Z-2.0F100；	Z 轴下刀	
	X-20.0；	轮廓描述	
	Y-20.0；		
	X20.0；		
	G49G00Z150.0；	取消长度补偿，Z 轴抬刀	
	M05；	主轴停止	
	M30；	程序结束，返回参考点	
	O00011(钻孔)；	程序号	13
	G54G49G80G40G17G90；	程序初始化	
	M03S1500；	主轴正转，每分钟 2000 转	
	G0X0Y0；	X、Y 轴定位	
	G43H06Z5.0；	建立长度补偿	
	M08；	开启冷却液	
	G73X20.0Y20.01Z-13.0R3.0Q5.0F100；	Z 轴下刀	
	X-20.0；	轮廓描述	
	Y-20.0；		
	X20.0；		
	G49G00Z150.0；	取消长度补偿，Z 轴抬刀	
	M05；	主轴停止	
	M30；	程序结束，返回参考点	
	O0012；	程序号	14
	G54G49G80G40G17G90；	程序初始化	
	G0X0Y0；	X、Y 轴定位	
	G43H07Z10；	建立长度补偿	
	M08；	开启冷却液	
	M29S300；	刚性攻牙主轴转速每分钟 300 转	
	G84X20.0Y20.0G01Z-17.0R5.0F450；	定位第一个孔并执行攻牙指令	
	X-20.0；	轮廓描述	
	Y-20.0；		
	X20.0；		
	G49G00Z150.0；	取消长度补偿，Z 轴抬刀	
	M05；	主轴停止	
	M30；	程序结束，返回参考点	

续表八

第六次装夹			
程序段号	程序内容	程序说明	工序号
	O0011(侧边铣削)；	程序号	15
	G54G49G80G40G17G90；	程序初始化	
	M3S2000；	主轴正转，每分钟 2000 转	
	G0X4.25Y－20.0；	X、Y 轴定位	
	G43H04Z5.0；	建立长度补偿	
	M08；	开启冷却液	
	G1Z－5.0F500；	Z 轴下刀	
	G41G1X4.25Y－15.0D04F250；	轮廓描述	
	Y15.0；		
	X－4.25；		
	Y－15.0；		
	G40G01X－20.0；	取消刀具半径补偿	
	G49G00Z150.0；	取消长度补偿，Z 轴抬刀	
	M05；	主轴停止	
	M30；	程序结束，返回参考点	

第六章　数控车床的工艺与编程

第一节　数控车床加工概述

数控车床即装备了数控系统的车床或采用数控技术的车床。一般将事先编好的加工程序输入到数控系统中，由数控系统通过伺服系统控制车床各运动部件的动作，加工出符合要求的各种形状的回转体零件。

一、数控车床的主要加工对象

数控车削加工是数控加工中用得最多的加工方法之一。结合数控车削的特点，与普通车床相比，数控车床适合车削具有以下要求和特点的回转体零件。

1. 精度要求高的回转体零件

由于数控车床刚性好，制造和对刀精度高，能方便和精确地进行人工补偿和自动补偿，所以能加工尺寸精度要求较高的零件。数控车削的刀具运动是通过高精度插补运算和伺服驱动来实现的，非常适合加工对母线直线度、圆度、圆柱度等形状精度要求高的零件。

2. 表面粗糙度要求高的回转体零件

数控车床具有恒线速切削功能，能加工出表面粗糙度小而均匀的零件。在材质、精车余量和刀具确定的情况下，表面粗糙度取决于进给量和切削速度。切削速度的变化会导致加工后的表面粗糙度不一致，而使用数控车床的恒线速度切削功能，可以先用恒定的最佳线速度切削锥面、球面和端面等，使车削后的表面粗糙度小而一致。

3. 表面形状复杂的回转体零件

由于数控车床具有直线和圆弧插补功能，可以车削由任意直线和曲线组成的形状复杂的回转体零件。尤其是采用计算机辅助编程技术后，只要零件图形能通过CAD/CAM软件精确地绘制出来，就可以实现编程加工。

4. 带特殊螺纹的回转体零件

数控车床具有加工各类螺纹的功能，包括任何导程的直、锥和端面螺纹，增导程、减导程以及要求等导程和变导程之间平滑过渡的螺纹。通常数控车床的主轴箱内安装有脉冲编码器，主轴的运动通过同步带1∶1地传到脉冲编码器。采用伺服电动机驱动主轴旋转，当主轴旋转时，脉冲编码器便发出检测脉冲信号给数控系统，使主轴电动机的旋转与刀架的切削进给保持同步关系，即实现加工螺纹时，主轴转一转，刀架带动刀具沿 Z 向移动一个导程的运动关系，而且车出来的螺纹精度高，表面粗糙度好。

二、数控车床的编程特点

数控车床的编程具有以下特点：

(1) 在一个编程段中，根据图样上标注的尺寸，可以采用绝对值编程和增量值编程，也可以采用混合编程。

(2) 被加工零件的径向尺寸在图样上一般用直径值表示，测量时也是如此，因此通常在车床编程时，X 方向的数值采用零件直径值进行编程。

(3) 车床加工的零件大多为棒料或锻料毛坯，加工余量大，为简化编程，常采用不同形式的固定循环指令进行编程。

(4) 编程时，认为车刀刀尖是一个点，而实际上为了提高刀具寿命和工件表面质量，车刀刀尖常磨成一个半径较小的圆弧。为了保证零件的加工精度，尤其是在车削圆锥和圆弧时，需要采用刀尖半径补偿功能。

三、数控车床的刀具补偿

1. 刀具位置补偿

安装数控车床刀具时，不同的刀具安装后其刀位点相对于机床原点(或刀架)的位置是不同的，加工需要确定其具体位置。换刀或刀具磨损时应进行补偿，指令是 T00 00，其中前面两位表示刀具号，后面两位表示刀具补偿号。

2. 刀尖半径补偿

数控车床编程和对刀操作是以假想尖锐的车刀刀尖点为基准进行的。为了提高刀具寿命和降低表面粗糙度，实际加工中的车刀刀尖有一个半径较小的圆弧，在切削过程中，刀尖的圆弧会因磨损而改变；同时，在加工不同形状轨迹时，刀尖的实际切削点会发生变化，从而导致加工误差。刀尖半径补偿的目的就是解决刀尖圆弧可能引起的加工误差问题。

刀尖半径补偿功能一直是一个难点。一方面，由于它的情况复杂，应用条件严格；另一方面，由于常见的台阶轴类加工，通过几何补偿也能达到精度要求，刀尖半径补偿的作用不能有效体现，导致一些人对它不够重视。事实上，在现代数控系统中，刀尖半径补偿，对于提高工件综合加工精度具有非常重要的作用，是一个必须熟练掌握的功能。

3. 刀尖圆弧半径补偿的原理

一般认为刀片是尖锐的，并把刀尖看作一个点，刀尖能够严格沿着编程的轨迹进行切削，所以能够实现复杂轮廓的加工。但实际上，目前广泛使用的机夹刀片的切削尖，都有一个微小的圆弧，这样做，既可以提高刀具的耐用度，也可以提高工件的表面质量。而且，不管多么尖的刀片，经过一段时间的使用，刀尖都会磨成一个圆弧，导致在实际加工中是一段圆弧刃在切削，这种情况导致实际刀尖与理想刀尖的切削在效果上完全不同。

图 6-1(a)中，刀片圆弧两边延长线的交点(D)，我们称之为理想刀尖，也就是说，如果刀片没有磨损，它的刀尖的理想形状应是这样。如果进行对刀，以确定刀具的偏置值(也叫几何补偿值)，X 轴和 Z 轴两个方向的对刀点正好集中于理想刀尖上。这种情况下，系统会以这个刀尖进行轮廓切削。图 6-1(b)中，如果刀尖磨圆了，则对刀时，X 轴和 Z 轴两个方向的对刀点分别在 X 轴和 Z 轴方向上最突出的 A 点和 B 点上，这时，数控系统就会以 A

点和B点的对刀结果综合确认一个点作为对刀点，比如，对刀结果为：A点，X=－130，B点，Z=－400，则对刀点坐标为(－130，－400)，这正是与A点和B点相切的两条直线的交点(C)，我们称之为假想刀尖。系统正是以这个假想刀尖作为理论切削点进行工作的。也就是说，刀尖磨圆后，只是假想刀尖沿着编程轮廓的轨迹进行运动。但由于假想刀尖与实际的圆弧切削刃之间有一个距离，导致刀具实际切削效果如图6-2所示。

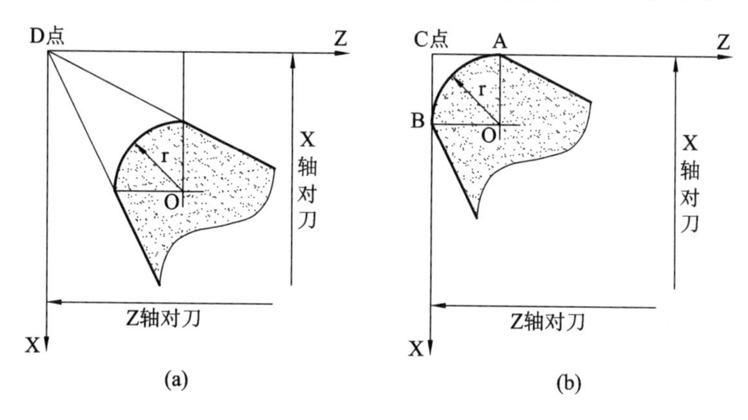

图6-1　刀尖位置示意图

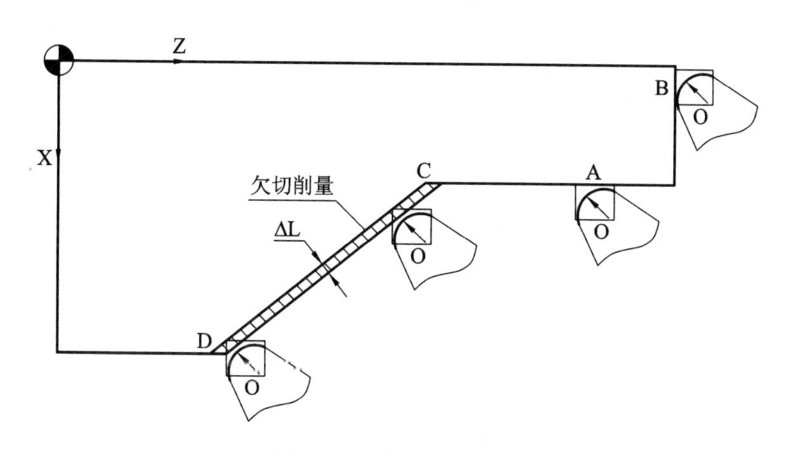

图6-2　切削效果比较

为了补偿锥面欠切的余量，系统会让刀尖向两个坐标轴的负方向移动，这是由刀尖的切削方向与圆弧中心的位置关系决定的。虽然说采用半径补偿，可以加工出准确的轨迹形状，但若刀具选用不正确，如左偏刀换成右偏刀，那么采用同样的刀补算法就不能保证加工的准确性。这就引出了刀尖方向的概念。车刀刀尖的方向是从刀尖圆弧中心O看假想刀尖的方向，具体的选用由刀具切削时的方向决定。

为了反映切削刀具的方向，对不同偏向的假想刀尖都进行了编号，共有9(T1～T9)种设置，表示9个方向的位置关系。其中，T9是刀尖圆弧中心与假想刀尖点重叠时的情况，此时，机床将以刀尖圆弧中心为刀位点进行计算补偿。在半径补偿时，需要在刀具参数中输入刀尖编号，以使系统能够根据刀尖半径的矢量进行计算，判定刀具偏移的方向，否则，可能会出现不合要求的过切或欠切现象。在不同坐标系(前置刀架与后置刀架)中，同一刀尖号表示的刀尖方向不一定相同。图6-3所示为前置刀架的刀尖号设置与相应的刀具类型。

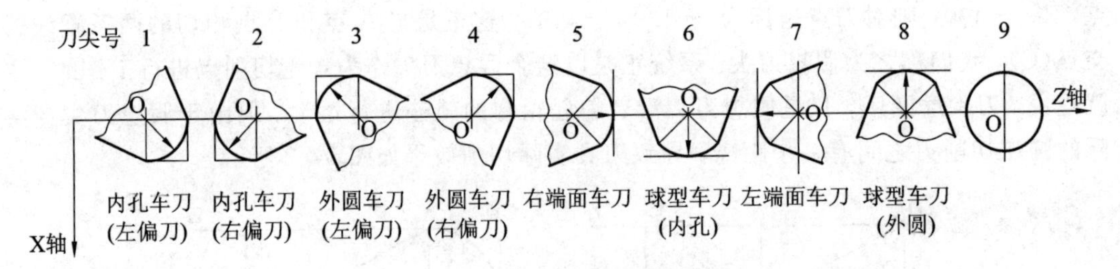

图 6-3 各类刀具刀尖号

4. 刀补的加入

和刀具的几何补偿不一样，在刀具参数中，即便刀尖半径已经赋值，但系统在调用刀具补偿号时，不会自动执行半径补偿，必须有相应的指令才能执行。一般是在补偿前的程序段中，加入 G41 或 G42 指令。需要注意的是，应用刀补指令，必须根据刀架位置、刀尖与工件相对位置来确定补偿方向，这和圆弧插补指令 G02、G03 一样，补偿方向也是依据第三坐标轴的方向判定的，如图 6-4 所示。

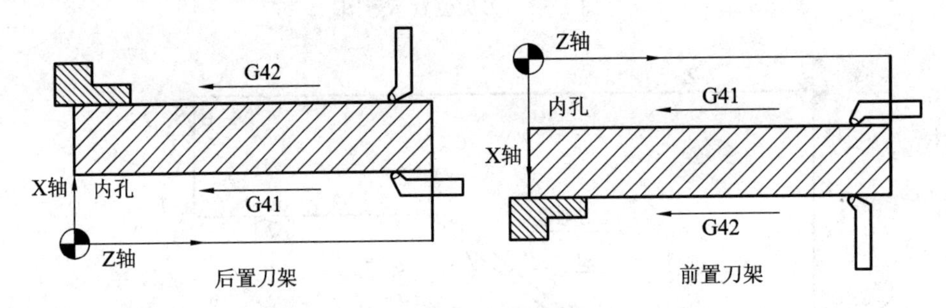

图 6-4 补偿方向的确定

G41：面对 Y 轴负方向指向的平面，沿刀具运动方向看，刀具位于工件左侧时，称为刀具半径左补偿。

G42：面对 Y 轴负方向指向的平面，沿刀具运动方向看，刀具位于工件右侧时，称为刀具半径右补偿。

使用第三轴判断刀补方向是一件困难的事，为了方便，我们可以这样记忆：

后置刀架，所见即所得(看到的是左补偿，用 G41；看到的是右补偿，用 G42)。

前置刀架，所见非所得(看到的是左补偿，用 G42；看到的是右补偿，用 G41)。

注意事项：

(1) 从无刀具补偿状态进入刀具半径补偿方式，或在撤消刀具半径补偿时，刀具必须移动一段距离，否则刀具会沿运动的法向直接移动一个半径量，很容易出意外，特别在加工全切削型腔时，刀具无转回空间，会造成刀具崩断。

(2) G41、G42、G40 必须在 G00 或 G01 模式下使用。G41、G42 不能重复使用，且在使用时不允许有两句以上连续的非移动指令。这些非移动指令包括：M 代码、S 代码、暂停指令等。

(3) D00～D99 为刀具补偿号，D00 意味着取消刀具补偿。刀具补偿值在加工或运行之前必须设定在补偿存储器中。

总之，刀具补值在数控加工中有着非常重要的作用，灵活、合理地运用刀具补值并结合刀补原理正确编制程序是保证数控加工有效性、准确性的重要因素。

第二节　数控车床加工工艺分析

工艺分析是数控车削加工的前期工艺准备工作。工艺制定得合理与否，对程序的编制、机床的加工效率和零件的加工精度都有重要的影响。为了编制出一个合理的、实用的加工程序，编程者不仅要了解数控车床的工作原理、性能特点及结构，掌握编程语言及编程格式，还应熟练掌握工件加工工艺，确定合理的切削用量，正确地选用刀具和工件装夹方法。因此，应遵循一般的工艺原则并结合数控车床的特点，认真而详细地进行数控车削加工工艺分析。其主要内容有：根据图纸分析零件的加工要求及其合理性；确定工件在数控车床上的装夹方式；选择各表面的加工顺序、刀具的进给路线以及刀具、夹具和切削用量等。

一、零件图分析

零件图分析是制定数控车削工艺的首要任务，主要包括尺寸标注方法分析、轮廓几何要素分析以及精度和技术要求分析。此外还应分析零件结构和加工要求的合理性，选择工艺基准。

1. 尺寸标注方法分析

零件图上的尺寸标注方法应适应数控车床的加工特点，以同一基准标注尺寸或直接给出坐标尺寸。这种标注方法既便于编程，又有利于设计基准、工艺基准和编程原点的统一。如果零件图上各方向的尺寸没有统一的设计基准，可考虑在不影响零件精度的前提下选择统一的工艺基准，计算转化各尺寸，以简化编程计算。

2. 轮廓几何要素分析

在手工编程时，要计算每个节点坐标。在自动编程时要对零件轮廓的所有几何元素进行定义。因此在分析零件图时，要分析几何元素的给定条件是否充分。

3. 精度和技术要求分析

对被加工零件的精度和技术进行分析，是零件工艺性分析的重要内容，只有在分析零件尺寸精度和表面粗糙度的基础上，才能正确合理地选择加工方法、装夹方式、刀具及切削用量等。其主要内容包括：分析精度及各项技术要求是否齐全、是否合理；分析本工序的数控车削加工精度能否达到图纸要求，若达不到，则允许采取其他加工方式弥补时，应给后续工序留有余量；对图纸上有位置精度要求的表面，应保证在一次装夹下完成；对表面粗糙度要求较高的表面，应采用恒线速度切削(注意：在车削端面时，应限制主轴最高转速)。

二、夹具和刀具的选择

1. 工件的装夹与定位

数控车削加工中尽可能做到一次装夹后能加工出全部或大部分待加工表面，尽量减少装夹次数，以提高加工效率、保证加工精度。对于轴类零件，通常以零件自身的外圆柱面作为定位基准；对于套类零件，则以内孔作为定位基准。数控车床夹具除了使用通用的三爪自动定心卡盘、四爪卡盘、液压、电动及作气动夹具外，还有多种通用性较好的专用夹具。实际操作时应合理选择。

2. 刀具选择

数控车削常用的刀具一般分为三类，即尖形车刀、圆弧形车刀和成型车刀。

(1) 尖形车刀：以直线形切削刃为特征的车刀一般称为尖形车刀。其刀尖由直线性的主、副切削刃构成，如外圆偏刀、端面车刀等。这类车刀加工零件时，零件的轮廓形状主要由一个独立的刀尖或一条直线形主切削刃位移后得到。

(2) 圆弧形车刀：除可车削内外圆表面外，特别适宜于车削各种光滑连接的成型面。其特征为：构成主切削刃的刀刃形状为一圆度误差或线轮廓误差很小的圆弧，该圆弧刃的每一点都是圆弧形车刀的刀尖，因此刀位点不在圆弧上，而在该圆弧的圆心上。

(3) 成型车刀：所加工零件的轮廓形状完全由车刀刀刃的形状和尺寸决定。数控车削加工中，常用的成型车刀有小半径圆弧车刀、车槽刀和螺纹车刀等。为了减少换刀时间和方便对刀，便于实现机械加工的标准化，数控车削加工中应尽量采用机夹可转位式车刀。

三、切削用量选择

数控车削加工中的切削用量包括背吃刀量 a_p、主轴转速 n(或切削速度 v)及进给速度 F(或进给量 f)。

合理选用切削用量对提高数控车床的加工质量至关重要。确定数控车床的切削用量时一定要根据机床说明书中规定的要求，以及刀具的耐用度去选择，也可结合实际经验采用类比法来确定。

一般的选择原则是：粗车时，首先考虑在机床刚度允许的情况下选择尽可能大的背吃刀量 a_p；其次选择较大的进给量 f；最后再根据刀具允许的寿命确定一个合适的切削速度 v。增大背吃刀量可减少走刀次数，提高加工效率，增大进给量有利于断屑。精车时，应着重考虑如何保证加工质量，并在此基础上尽量提高加工效率，因此宜选用较小的背吃刀量和进给量，尽可能地提高加工速度。主轴转速 S(r/min)可根据切削速度 v(mm/min)由公式 $n=v1000/\pi D$(D 为工件直径/mm)计算得出，也可以查表或根据实践经验确定。

四、划分工序及拟定加工顺序

1. 工序划分的原则

在数控车床上加工零件，常用的工序划分原则有以下两种：

(1) 保持精度原则。工序一般要求尽可能地集中，粗、精加工通常会在一次装夹中全部完成。为减少热变形和切削力变形对工件的形状、位置精度、尺寸精度和表面粗糙度的影响，则应将粗、精加工分开进行。

(2) 提高生产效率原则。为减少换刀次数，节省换刀时间，提高生产效率，应将需要用同一把刀加工的部位都完成后，再换另一把刀来加工其他部位，同时应尽量减少空行程。

2. 确定加工顺序

制定加工顺序一般遵循下列原则：

(1) 先粗后精。按照粗车—半精车—精车的顺序进行，逐步提高加工精度。

(2) 先近后远。离对刀点近的部位先加工，离对刀点远的部位后加工，以便缩短刀具移动距离，减少空行程时间。此外，先近后远车削还有利于保持坯件或半成品的刚性，改善其切削条件。

(3) 内外交叉。对既有内表面又有外表面需加工的零件，应先进行内外表面的粗加工，后进行内外表面的精加工。

(4) 基面先行。用作精基准的表面应优先加工出来，定位基准的表面越精确，装夹误差越小。

第三节　数控车床的循环指令

一、内外圆单一切削循环指令 G90

1. 指令格式

G90 X(U)__ Z(W)__ R __ F __;

其中：

X、Z——绝对值编程时切削终点 C 在工件坐标系下的坐标；

U、W——增量值编程时切削终点 C 相对于循环起点 A 的有向距离(有正、负号)；

R——切削起点 B 与切削终点 C 的半径差，其符号为差的符号(无论是绝对值编程还是增量值编程)；

F——切削进给速度。

G90 指令可用来加工圆柱，也可用来加工圆锥，如图 6-5 和图 6-6 所示。

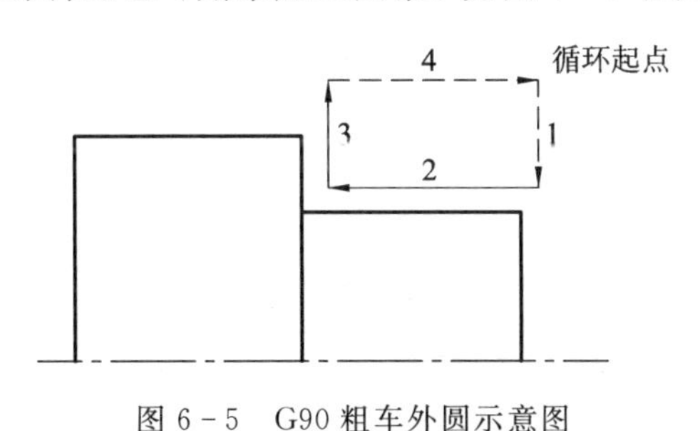

图 6-5　G90 粗车外圆示意图

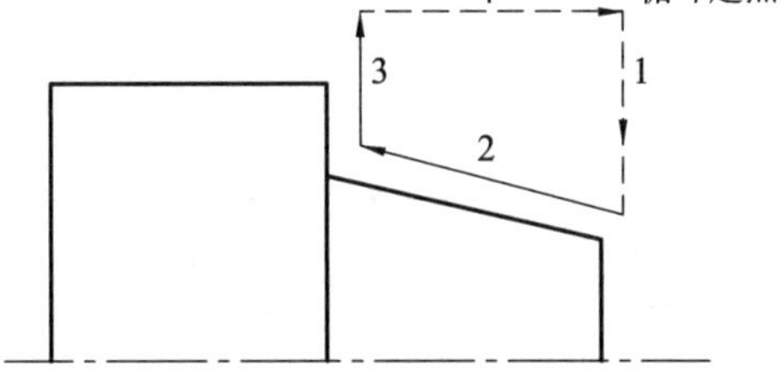

图 6-6　G90 粗车外圆锥示意图

2. 指令循环路线分析

如图 6 - 7 所示，指令循环路线分析如下：

(1) 循环起点为 A，刀具从 A 到 B 为快速移动以接近工件；

(2) 从 B 到 C、C 到 D 为切削进给，进行圆锥面和台阶面的加工；

(3) 从 D 点快速返回到循环起点。

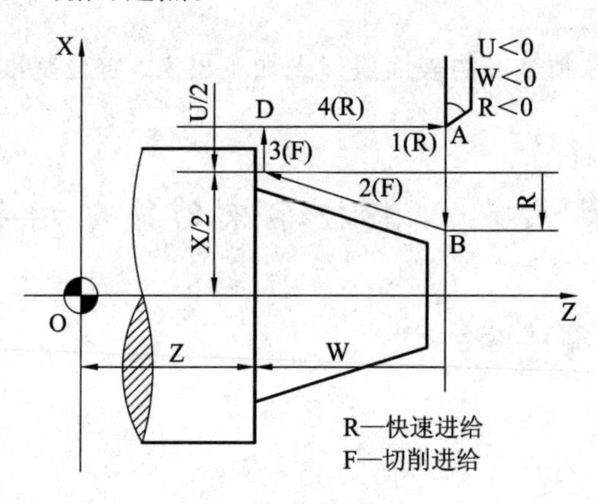

图 6 - 7　路线分析

3. 编程举例

编写如图 6 - 8 所示零件的加工程序，毛坯棒料直径为 ϕ33。

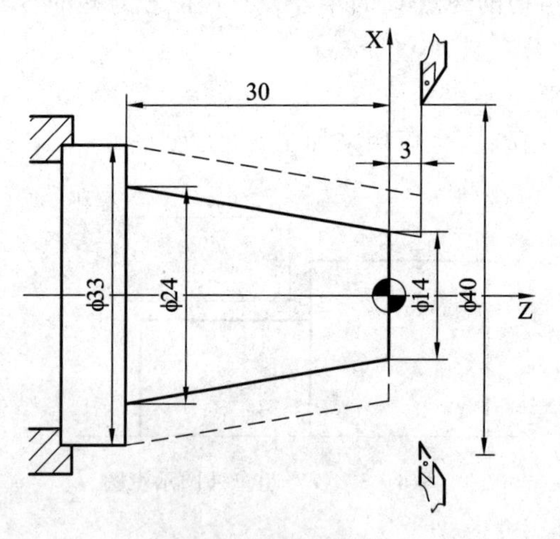

图 6 - 8　锥面加工

参考程序如表 6 - 1 所示。

表 6 - 1　参考程序

加 工 程 序	程序说明
O0001	程序名
T0101;	90°外圆车刀
M3 S800;	

续表

加 工 程 序	程序说明
G00 X40.0 Z3.0；	定位点
G90 X30.0 Z-30.0 R-5.5 F0.05；	圆锥面
X27.0 R-5.5；	切槽程序开始
X24.0 R-5.5 S1200 F0.03；	分层切削
G0 X100；	
Z100；	
M05；	
M30；	

4. 指令应用说明

(1) 当编程起点不在圆锥面小端外圆轮廓上时，注意锥度起点和终点半径差的计算，如本例锥度差 R 为－5.5 而不是－5.0。

(2) 在对锥度进行粗、精加工时，虽然每次加工时 R 值都一样，但每条语句中 R 值都不能省略，否则系统会按照圆柱面轮廓处理。

二、端面切削单一循环指令 G94

1. 指令格式

G94 X(U)＿ Z(W)＿ F＿；

其中：

X、Z——绝对值编程时端面切削终点 C 在工件坐标系下的坐标；

U、W——增量值编程时端面切削终点 C 相对于循环起点 A 的有向距离(有正、负号)；

F——切削进给速度。

其切削示意图如图 6-9 所示。

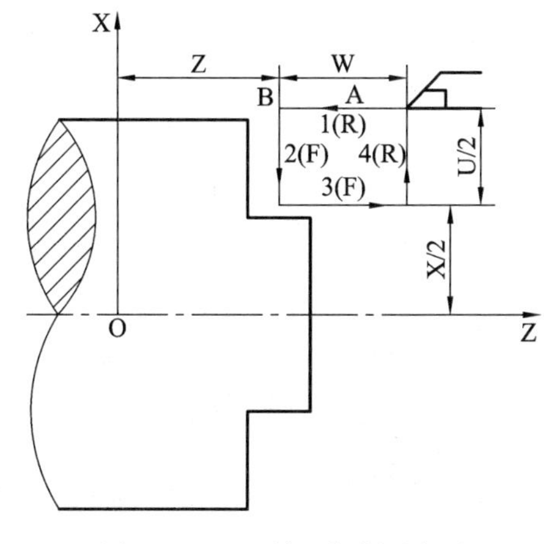

图 6-9　G94 端面切削示意图

2. 指令应用说明

(1) 注意区分G90与G94指令使用时刀具安装方向的不同；

(2) 注意区分G90与G94走刀方向的不同，G90沿Z轴方向切削走刀，G94沿X轴方向切削走刀。

三、内、外圆粗车复合循环指令G71

该指令应用于圆柱棒料内外圆表面粗车、加工余量大、形状相对复杂且需要多次粗加工的情形。

1. 指令格式

G71 U(Δd)R(e)；

G71 P(ns)Q(nf)U(Δu)W(Δw)F _S _T _；

其中：

Δd——每次切削深度，半径值给定，不带符号，切削方向取决于AA′的方向，该值是模态值；

e——退刀量，半径值给定，不带符号，该值为模态值；

ns——指定精加工路线的第一个程序段段号；

nf——指定精加工路线的最后一个程序段段号；

Δu——X方向上的精加工余量，直径值指定；

Δw——Z方向上的精加工余量；

F、S、T——粗加工过程中的切削用量及使用刀具。

走刀示意图如图6-10所示。

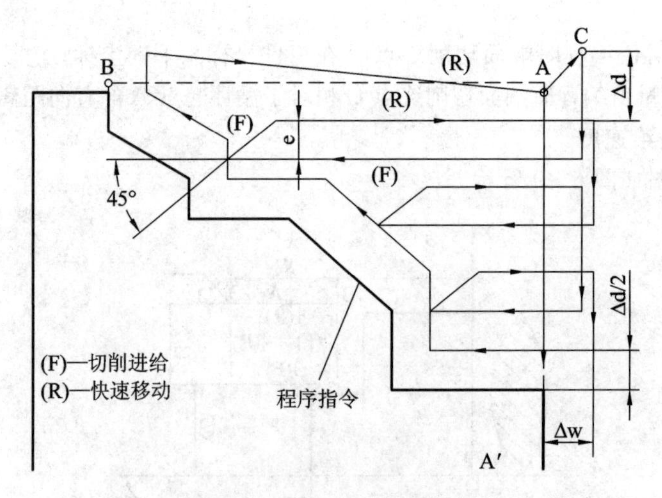

图6-10　G71指令走刀示意图

2. 指令循环路线分析

(1) G71粗车外圆加工走刀路线：刀具从循环起点A开始，快速退至C点，退刀量由Δw和Δu/2决定；

(2) 快速沿X方向进刀Δd深度，按照G01切削加工，然后按照45°方向快速退刀，X

方向退刀量为 e，再沿 Z 方向快速退刀，第一次切削加工结束；

(3) 沿 X 方向进行第二次切削加工，进刀量为 e+Δd，如此循环直至粗车结束；

(4) 进行平行于精加工表面的半精加工，刀具沿精加工表面分别留 Δw 和 Δu/2 的加工余量；

(5) 半精加工完成后，刀具快速退至循环起点，结束粗车循环所有动作。

上述循环指令应用于工件内轮廓时，G71 就自动成为内径粗车循环，此时径向精车余量 Δu 应指定为负值。

3. 指令应用说明

(1) 指令中的 F、S 值是指粗加工中的 F、S 值，该值一经指定，则在程序段段号“ns”、“nf”之间的所有 F、S 值无效；该值在指令中也可不加指定，这时就是沿用前面程序段中的 F、S 值，并可沿用至粗、精加工结束后的程序中去。

(2) 使用 G71 指令编程时，零件的轮廓形状必须采用单调递增或单调递减的形式，否则会产生凹形轮廓(这个轮廓不是分层切削形成，而是在半精车时一次性进行切削加工而形成的)，导致切削余量过大而损坏刀具，如图 6－11 所示。

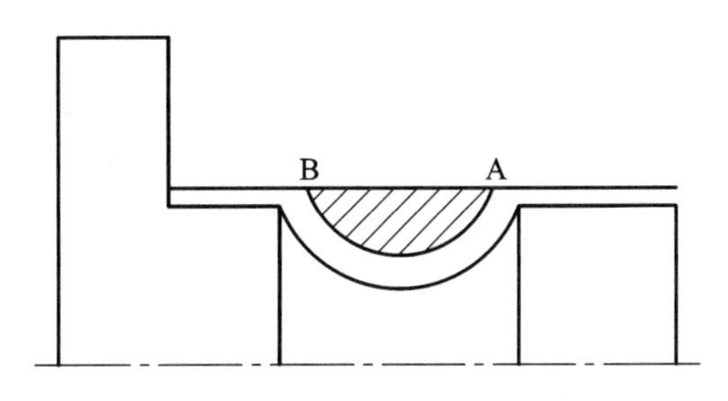

图 6－11　非单调切削时没有分层

(3) 循环中的第一个程序段，即顺序号为“ns”的程序段必须沿着 X 向进刀，且不能出现 Z 轴的运动指令，否则会出现程序报警。如“G00 X10.0；”正确，而“G00 X10.0 Z1.0；”则错误。

(4) 循环起点的确定：G71 粗车循环起点的确定主要考虑毛坯的加工余量、进退刀路线等。一般选择在毛坯轮廓外 1～2 mm、端面 1～2 mm 即可，不宜太远，以减少空行程，提高加工效率。

(5) “ns”至“nf”程序段中不能调用子程序。

(6) G71 循环时可以进行刀具位置补偿，但不能进行刀尖半径补偿。因此在 G71 指令前必须用 G40 指令取消原有的刀尖半径补偿。在“ns”至“nf”程序段中可以含有 G41、G42 指令，对工件精车轨迹进行刀尖半径补偿。

四、端面切削复合循环指令 G72

该指令应用于圆柱棒料端面粗车且 Z 向余量小、X 向余量大、需要多次粗加工的情形。

1. 指令格式

G72 W(Δd)R(e)；

G72 P(ns)Q(nf)U(Δu)W(Δw)F __ S __ T __；

其中各参数说明与指令 G71 相同。

2. 指令循环路线分析

G72 粗车循环的运动轨迹如图 6－12 所示，与 G71 的运动轨迹相似，不同之处在于 G72 指令是沿着 X 轴方向进行分层切削加工的。

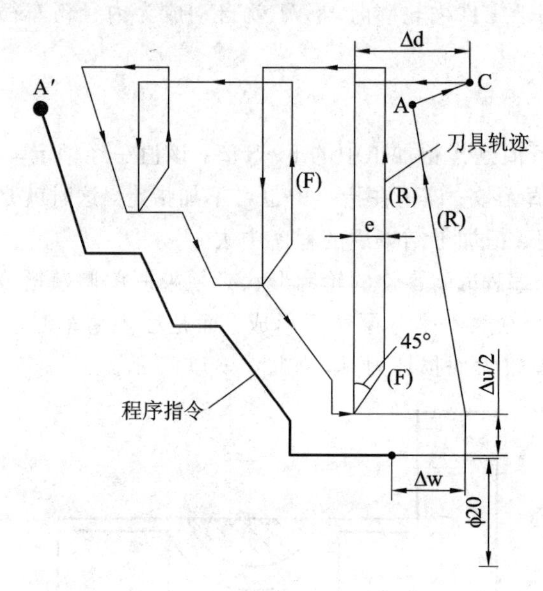

图 6－12　G72 指令走刀示意图

3. 指令应用说明

(1) G72 指令轮廓必须是单调递增或递减，且“ns”开始的程序段必须以 G00 或 G01 方式沿着 Z 方向进刀，不能有 X 轴运动指令。

(2) 其他方面与 G71 相同。

五、固定形状粗车循环指令 G73

该指令适合于轮廓形状与零件轮廓形状基本接近的铸件、锻件毛坯的粗加工。

1. 指令格式

G73 U(Δi)W(Δk)R(d)；

G73 P(ns)Q(nf)U(Δu)W(Δw)F __ S __ T __；

其中：

Δi——X 方向总退刀量，由半径值指定，为模态值；

Δk——Z 方向总退刀量，为模态值；

d——分层次数，此值与粗切重复次数相同，为模态值。

其余参数说明与 G71 相同。

2. 指令循环路线分析

G73 指令走刀路线如图 6－13 所示，执行指令时每一刀切削路线的轨迹形状是相同的，只是位置不断向工件轮廓推进，这样就可以将成型毛坯(铸件或锻件)待加工表面的加工余量分层均匀切削掉，留出精加工余量。

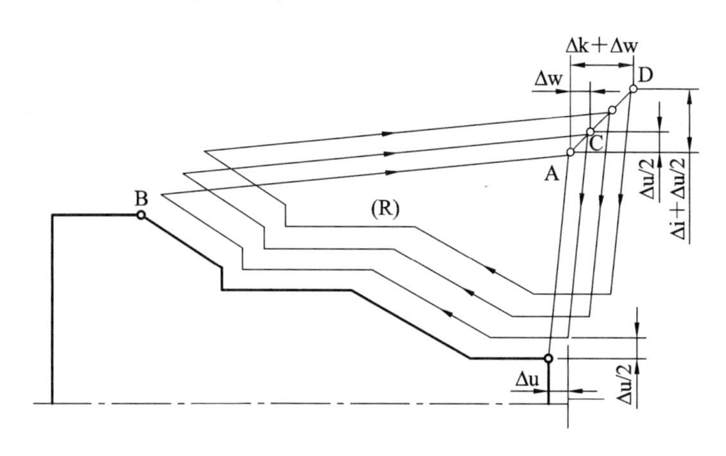

图 6-13 G73 指令走刀示意图

3. 指令应用说明

(1) G73 指令适合于已经初步成型的毛坯粗加工。对于不具备类似成型条件的工件，如果采用 G73 指令编程加工，反而会增加刀具切削时的空行程，而且不便于计算粗车余量。

(2) “ns”程序段允许有 X、Z 方向的移动。

六、精车循环指令(G70)

当用 G71、G72、G73 指令粗车工件后，用 G70 指令来指定精加工循环，切除粗加工后留下的精加工余量。

1. 指令格式

G70 P(ns)Q(nf)；

其中：

ns——指定精车循环中的第一个程序段号；

nf——指定精车循环中的最后一个程序段号。

2. 指令应用说明

(1) 在精车循环 G70 状态下，“ns”至“nf”程序中指定的 F、S、T 有效；如果“ns”至“nf”程序中不指定 F、S、T，则粗车循环中指定的 F、S、T 有效，其编程方法见上述几例。

(2) 在使用 G70 精车循环时，要特别注意快速退刀路线，防止刀具与工件发生干涉。

七、内外圆复合固定循环指令使用注意事项

内外圆复合固定循环指令使用注意事项如表 6-2 所示。

表 6-2　内外圆复合固定循环指令使用注意事项

循环指令 比较项目	内、外圆粗车循环指令 G71	端面粗车循环指令 G72	固定形状粗车 循环指令 G73	精车循环指令 G70
关于指令选用	用于对轴向切削尺寸大于径向切削尺寸的毛坯工件进行粗车循环	用于对径向切削尺寸大于轴向切削尺寸的毛坯工件进行粗车循环	用于已成型毛坯的粗车循环	用于零件轮廓的精加工
关于精加工程序段中(ns～nf之间)不能含有的指令	·除 G04(暂停)以外的 00 组的非模态 G 代码(如参考点返回和 G71～G76 固定循环指令等) ·除 G00、G01、G02 和 G03 以外的所有 01 组 G 代码(如 G90、G92、G94 等切削指令) ·06 组 G 代码 ·宏程序调用或子程序调用指令			
关于 F、S、T 执行情况	执行 G71～G73 循环时，只有在 G71～G73 指令的程序段中 F、S、T 是有效的，在调用的程序段 ns～nf 之间编入的 F、S、T 功能将被全部忽略			在执行 G70 精车循环时，G71～G73 程序段中指令的 F、S、T 功能无效，F、S、T 值决定于程序段 ns～nf 之间编入的 F、S、T 功能
N 指令禁用场合	在 MDI 方式下不能使用指令 G70、G71、G72 或 G73，否则产生 67 号 P/S 报警			
关于精加工程序段地址号使用	当执行 G70、G71、G72 或 G73 时，用地址 P 和 Q 指定的顺序号不应当在同一程序中指定两次以上			
关于精加工余量符号确定	G71～G73 程序段中的 Δw、Δu 是指精加工余量值，该值按其余量的方向有正、负之分，其正、负值是根据刀具位置和进、退刀方式来进行判定的			

八、内、外圆加工编程实例

如图 6-14 所示工件，毛坯尺寸为 ϕ55mm× 85mm，材料为 45 钢，试编写程序完成零件加工。

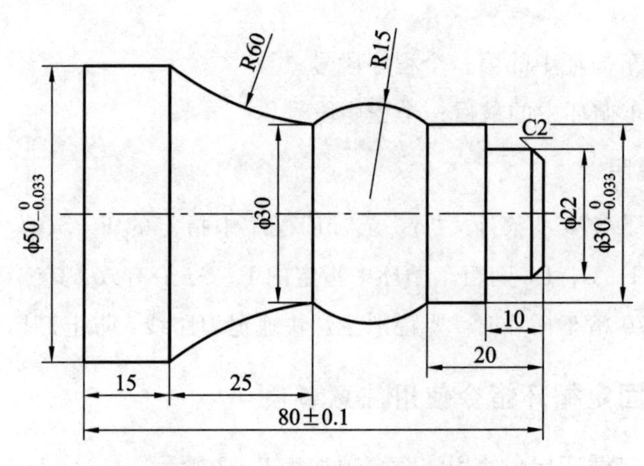

图 6-14　成型加工复合循环编程实例

1. 编程原点的确定

将工件的编程原点取在工件右端面的中心处。

2. 刀具选择

本例中所使用的刀具如表 6－3 所示。

表 6－3　刀具卡

序号	刀具号	刀具类型	刀具半径或刀宽	数量	加工面
1	T0101	90°外圆刀	0.4mm	1	单调轮廓
2	T0202	外圆偏刀	0.4 mm	1	非单调轮廓
3	T0303	中心钻	2 mm	1	钻中心孔

3. 切削用量的选择

(1) 背吃刀量的选择：粗车外轮廓时，a_p＝1.5 mm，粗车内轮廓时，a_p＝1.0 mm；精车内、外轮廓时，a_p 根据实际情况调整。

(2) 主轴转速的选择：粗车内、外轮廓时，n＝600 r/min；精车内、外轮廓时，n＝1000 r/min。

(3) 进给量的选择：粗车内、外轮廓时，f＝0.15 mm/r；精车内、外轮廓时，f＝0.05 mm/r。

4. 工艺过程

用三爪自定心卡盘对工件进行定位和装夹。

(1) 夹住毛坯，伸出长度 50 mm，平端面；用 G71、G70 指令粗、精车 ϕ50 外圆至尺寸，长度 45 mm。

(2) 掉头装夹，平端面取总长，打中心孔。用 G73、G70 指令加工粗、精非单调轮廓至尺寸。

(3) 掉头装夹，伸出长度 70 mm，上顶尖；用 G71、G70 指令加工粗、精单调轮廓至尺寸。

5. 参考程序

第三次装夹加工的参考程序如表 6－4 所示。

表 6－4　参考程序

加 工 程 序	程序说明
O0001	程序名
N1；	粗加工单调轮廓
T0101；	90°外圆车刀
M03 S600；	
G0 X56.；	
Z2.；	

续表一

加 工 程 序	程序说明
G71 U1. R0. 5；	
G71 P10 Q11 U0. 5 W0. 05 F0. 15；	
N10 G0 X18. ；	
G01 Z0. F0. 05；	
G01 X22. Z－2. ；	
G01 Z－10. ；	
G01 X30. ；	
G01 Z－20. ； X50. ； Z－65. ； Z－65. ；N11 G01 X56. ；	
G0 Z100；	
X100；	
M05；	
M00；	
N2；	精加工内轮廓
T0101；	
M03 S1000；	
G0 X56. ；	
Z2. ；	
G70 P10 Q11；	
G0 Z100；	
X100；	
M05；	
M00；	
N3；	粗加工非单调轮廓
T0202；	外圆偏刀
M3 S600；	
G0 Z－20. ；	
X52； G73 U0. R5；	
G73 P20 Q21 U0. 05 W0. 03 F0. 15；	
N20 G01 X30. F0. 05；	
G03 X30. Z－40. R15. ；	

续表二

加 工 程 序	程序说明
G02 X50. Z－65. R60.；	
N21 G01 X52.；	
G0 X100.；	
Z100.；	
M05	
M00；	
N4；	精加工非单调轮廓
T0202；	
M03 S1000；	
G0 Z－20. ；	
X52.；	
G70 P20 Q21；	
G0 Z100；	
X100；	
M05；	
M30；	

九、径向啄式切槽循环指令 G75

G75 指令主要用于加工径向环形槽。加工中径向啄式切削起到断屑、及时排屑的作用，特别是加工宽槽。

1. 指令格式

G75 R(e)；

G75 X(U) Z(W) P(Δi) Q(Δk) R(Δd) F(f)；

其中：

R(e)——e 为切槽过程中径向的退刀量，由半径值指定，单位为 mm，无正、负号；

X(U) Z(W)——X 为终点的 X 轴坐标值，U 为循环起点到终点的 X 轴坐标增量值(直径值)，Z 为终点的 Z 轴坐标值，W 为循环起点到终点的 Z 轴坐标增量值；

Δi——X 方向的每次切深，由半径值指定，单位为 μm，无正、负号；

Δk——沿径向切完一个刀宽后退，在 Z 方向的偏移量，单位为 μm；

Δd——刀具在槽底的 Z 方向退刀量，单位为 mm，非模态值，使用时尽量不要设置数值，取 0，以免断刀。

f——进给速度，可提前赋值。

2. 指令循环路线分析

刀具从循环起点 A 开始，沿径向进刀 Δi 到达 C 点；退刀 e 到达 D 点；依次再循环往下切削至终点坐标 X 处；退到径向起点，完成一次径向切削循环；沿轴向偏移 Δk 到 E 点，进行第二次循环只到切削至 Z 向终点处，再退刀返回 A 点，完成整个切削过程，其走刀过程如图 6－15 所示。

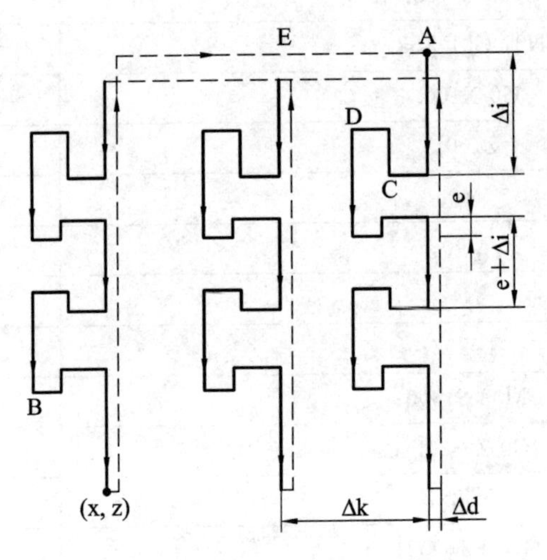

图 6－15　G75 指令走刀示意图

3. 指令应用说明

(1) e 值不带符号，系统会根据循环起点到终点的方向判断切削进给方向，从而确定与切削进给方向相反的方向为 R 的退刀方向；虽然带上负号机床在运行时是不会报警的，但切削时会扎刀。

(2) Δi 不带符号，系统会根据循环起点到终点的方向判断切削进给方向；非模态值，一定不能省略不写，省略不写的话机床会报警。

(3) Δk 不带符号，系统会根据循环点到终点的方向判断偏移方向，非模态值。

(4) 一般情况下，Δi 的值应大于 e 值，即进刀量大于退刀量。

(5) 最后一次切深量和最后一次 Z 向偏移量均由系统自行计算。

4. 编程示例

例 1　如图 6－16 所示，设定工件的右端面中心为工件坐标系原点，切槽刀刀宽为 3 mm，以左侧刀尖为刀位点对刀。当切槽起始位置从左侧开始时，可设初始定位点为 X32，Z－30；当切槽起始位置从右侧开始时，可设初始定位点为 X32，Z－23。以从右侧开始切槽为例，参考程序如表 6－5 所示。

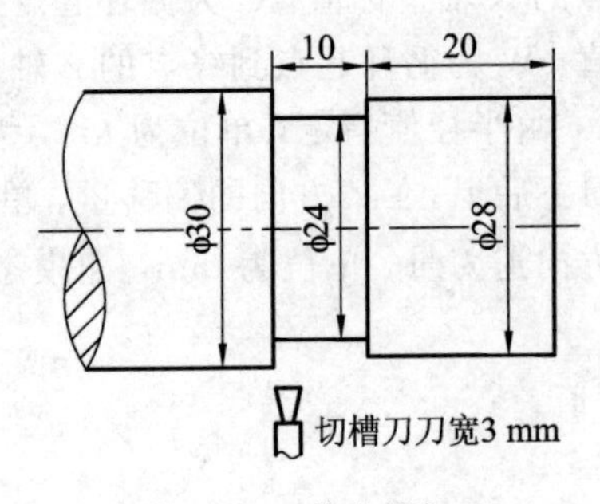

图 6－16　单个槽加工

表 6-5　参考程序

加 工 程 序	程序说明
O0001	程序名
T0101；	3 mm 切槽刀
M3 S400；	
G00 Z-23.0；	定位点
X32.0；	
G75R1.	切槽程序开始
G75X24.Z-30.P2500Q1500 F0.1；	分层切削
G0 X100；	
Z100；	
M05；	
M30；	

例 2　如图 6-17 所示，设定工件的右端面中心为工件坐标系原点，切槽刀宽为 4 mm，与槽等宽，以左侧刀尖为刀位点对刀。图中共有 5 个宽度为 4 mm 的等距离槽，间距均为 6 mm。以从右侧开始为例，可设初始定位点为 X42，Z-14，每切完一个槽，移动间距设为 10 mm，正好到下一个槽的位置，其参考程序如表 6-6 所示。

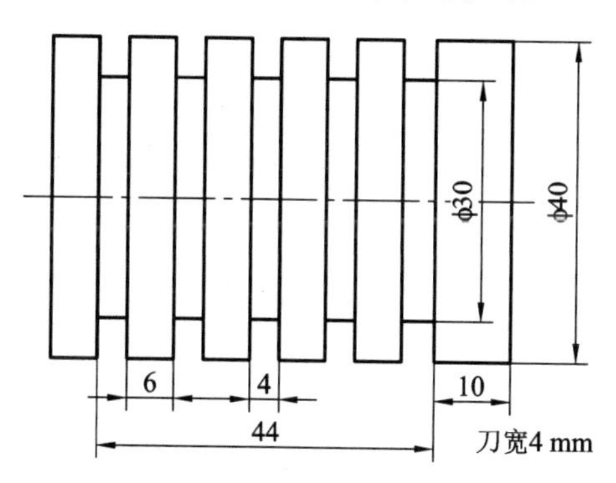

图 6-17　连续槽加工

表 6-6　参考程序

加 工 程 序	程序说明
O0001	程序名
T0101；	4 mm 切槽刀
M3 S400；	
G00 Z-14.0；	定位点
X42.0；	

续表

加 工 程 序	程序说明
G75R1.	切槽程序开始
G75X30. Z－54. P3000Q10000F0. 1；	间距设为 10 mm
G0 X100；	
Z100；	
M05；	
M00；	

十、螺纹切削单一循环指令 G92

G92 为单一螺纹切削指令，可完成圆柱螺纹和圆锥螺纹的加工。

1. 指令格式

G92 X(U)__ Z(W)__ F__ R__；

式中：

X(U)__ Z(W)__——螺纹的终点坐标；

F——螺纹的导程；

R——圆锥螺纹切削起点处的 X 坐标减其终点处的 X 坐标之值的 1/2，加工圆柱螺纹时，省略不写。

2. 指令循环路线分析

G92 单一螺纹切削轨迹如图 6－18 所示，其运动轨迹也是一个循环图形。只需写一段程序就能完成四步动作，即刀具就可以从循环起点 A 沿 X 向快速移动至 B 点，然后以工件每转一转进给一个导程的进给速度沿 Z 向切削进给至 C 点，再从 X 向快速退刀至 D 点，最后返回循环起点 A 点，准备下一次循环。

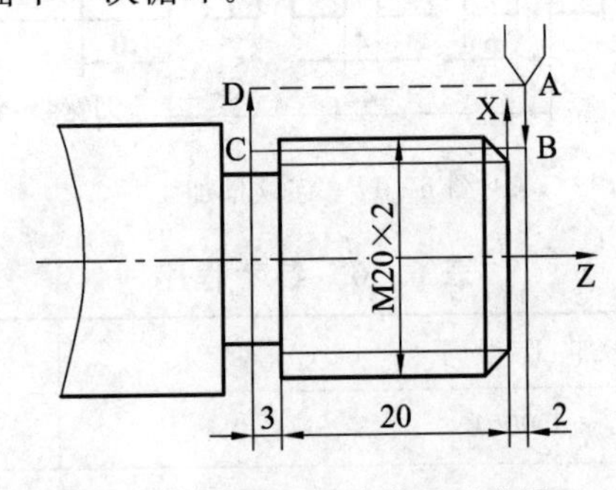

图 6－18　G92 指令走刀示意图

G92 指令除了可以加工圆柱螺纹外，也可以加工圆锥螺纹，两者的运动轨迹分别如图 6－19、图 6－20 所示。

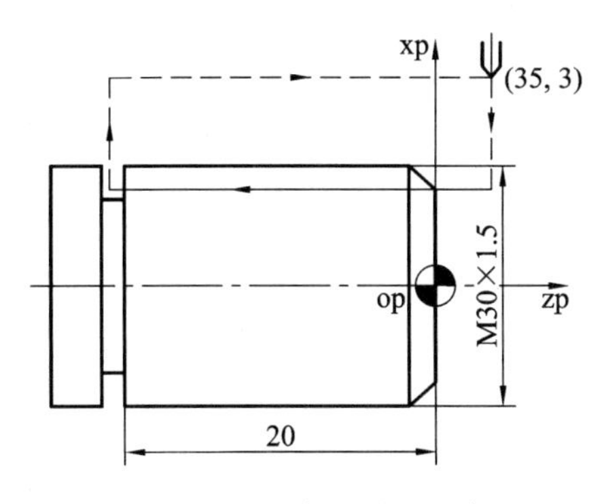

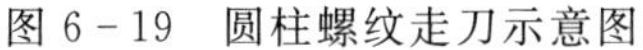
图 6-19　圆柱螺纹走刀示意图

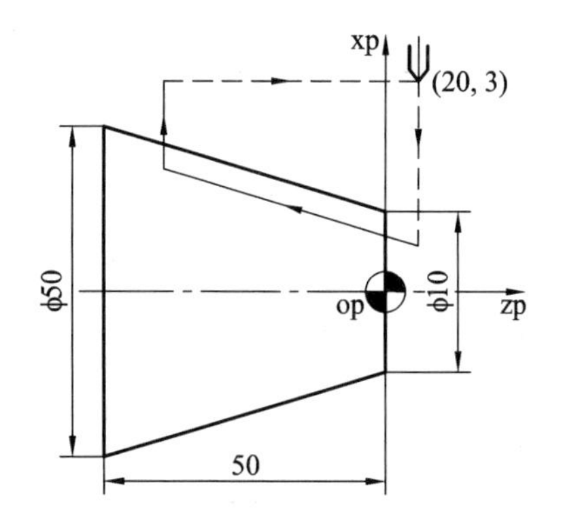

图 6-20　圆锥螺纹走刀示意图

3. 指令应用说明

(1) G92 程序每编写一个程序段，完成一个深度的切削循环，如需继续切削，则应调整切削深度。该指令均为续效指令，只需改变 X 向直径尺寸即可。

(2) 在加工等螺距圆柱螺纹以及除端面螺纹之外的其他各种螺纹时，均需特别注意其螺纹车刀的安装方法(正、反向)和主轴的旋转方向应与车床刀架的配置方式(前、后置)相适应。

4. 编程示例

如图 6-19 所示的螺纹，用 G92 编写其加工程序。

1) 螺纹相关尺寸计算

加工三角形螺纹：

对外螺纹的大径为

$$d = d_{公称} - 0.1P(螺纹的螺距)$$

对外螺纹的小径为

$$d_1 = d_{公称} - 1.3P$$

对内螺纹的大径为

$$D = D_{公称}$$

对内螺纹的小径为

$$D_1 = D_{公称} - 1.08P$$

对内、外螺纹的牙高为

$$h = 0.5413P$$

代入数据，则螺纹的大径为

$$d = 30 - 0.1 \times 1.5 = 29.85$$

在加工螺纹处的圆柱时，直径应车至 29.85。

螺纹的小径为

$$d_1 = 30 - 1.3 \times 1.5 = 28.05$$

螺纹最后的小径应车至 28.05。

2) 参考程序

参考程序如表 6-7 所示。

表 6 - 7　参考程序

加 工 程 序	程序说明
O0001	程序名
T0101；	60°螺纹车刀
M3 S600；	
G00 Z3.0；	定位点
X35.0；	
G92 X29.2 Z-21.0 R0 F1.5；	螺纹程序段
X28.6；	分层切削
X28.2；	
X28.05；	
X28.05；	
G0 X100；	
Z100；	
M05；	
M00；	

十一、螺纹切削复合循环指令 G76

1. 指令格式

G76 P(m)(r)(a) Q(Δd_{min}) R(d)；

G76 X(U)_ Z(W)_ R(i) P(k) Q(Δd) F(L)；

说明：

m——精加工重复次数(范围数值：01～99)；

r——倒角量(范围数值：00～99)；

a——牙型角/刀尖角度(可选择角度：80°、60°、55°、30°、29°、0°)；

Δd_{min}——最小切削深度(半径值指定，单位：1/1000 mm，不分正负)；

d——精加工余量(半径值指定，单位：mm，不分正负)；

X(U)_ Z(W)——螺纹底径终点坐标值(直径值指定，单位：mm)；

i——锥螺纹半径差(半径值指定，单位：mm，有正负情况)；

k——螺纹深度/牙高(半径值指定，单位：1/1000 mm，不分正负)；

Δd——第一刀切削深度(半径值指定，单位：1/1000 mm，不分正负)；

L——导程，单线螺纹为螺距(单位：mm)。

2. 指令循环路线分析

G76 指令为螺纹切削复合循环指令，只要编写两行程序，就可以控制刀具按照指定的参数多次走刀循环切削完成螺纹的加工，如图 6 - 21 所示。

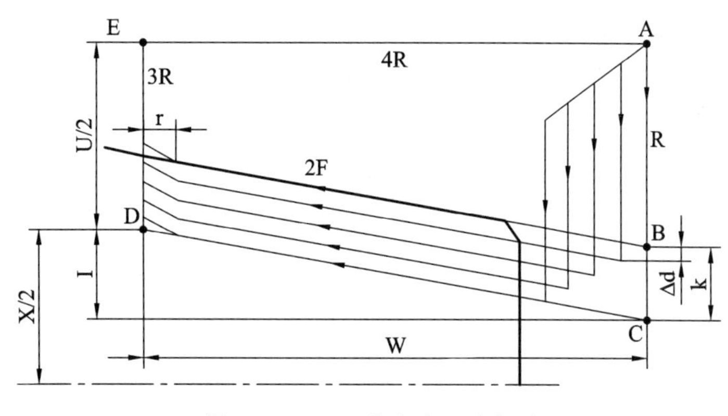

图 6-21　G76 指令走刀示意图

3. 指令应用说明

（1）G92 指令切削时刀具采用直进法，G76 指令切削时刀具采用斜进法，如图 6-22、图 6-23 所示。以车削左旋螺纹为例，进刀方向是以螺牙的右侧为斜进基准，牙刀左切削刃承担主要切削任务。G76 指令具有以下优点：

① 刀具以单个切削刃承担主要切削任务，切削阻力小，不容易出现扎刀、崩刀等问题。

② 编写程序简易。

③ 编写过程中数值不容易出错。

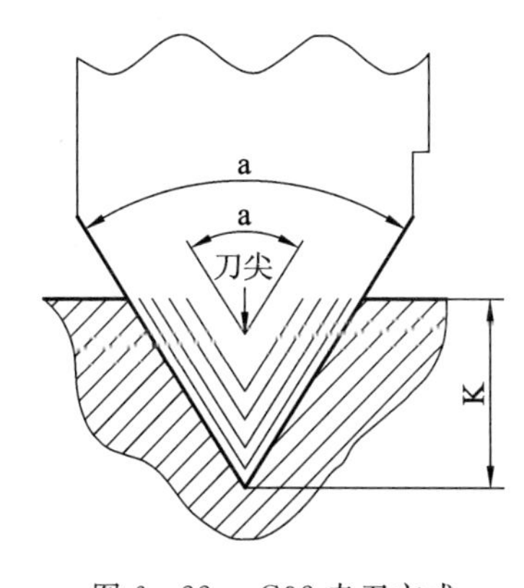

图 6-22　G92 走刀方式

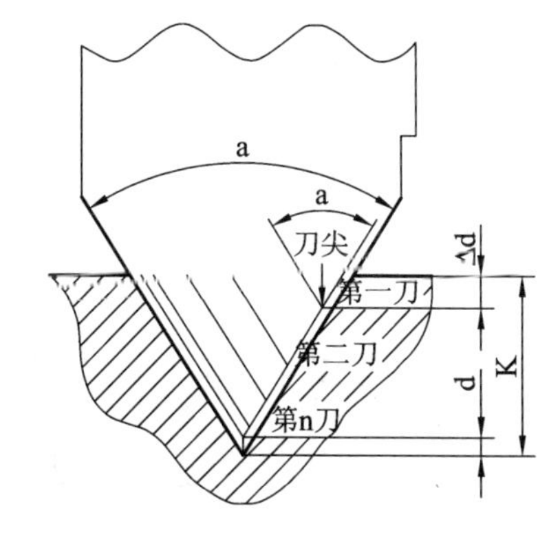

图 6-23　G76 走刀方式

（2）大螺距的螺纹（如梯形螺纹等）采用 G76 指令进行车削，不仅能使整个切削过程顺利进行，还能提高刀具的使用寿命。

4. 编程示例

如图 6-24 所示零件，右端为梯形螺纹。

1）螺纹切削相关尺寸计算

加工梯形螺纹：

牙顶间隙为

P＝1.5～5 时：a_C＝0.25

$P=6\sim12$ 时：$a_C=0.5$

$P=14\sim44$ 时：$a_C=1$

加工对外螺纹：

牙高：

$$h_3=0.5P+a_C$$

大径：

$$d=d_{公称}$$

小径：

$$d_3=d-2h_3$$

加工对内螺纹：

牙高：

$$h_4=0.5P+a_C$$

大径：

$$D_4=d+a_C$$

小径：

$$d_3=d-P$$

代入数据，则梯形螺纹的牙高为

$$h_3=0.5\times4+0.25=2.25$$

梯形螺纹的大径为

$$d=20$$

梯形螺纹的小径为

$$d_3=20-2\times2.25=15.5$$

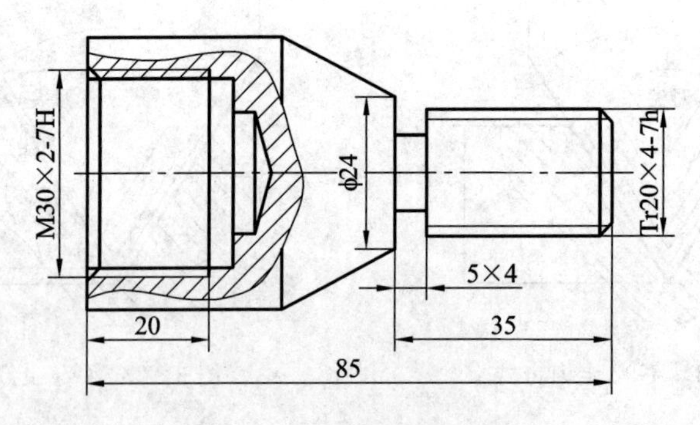

图 6-24　梯形螺纹

2) 参考程序

参考程序如表 6-8 所示。

表 6-8　参考程序

加工程序	程序说明
O0001	程序名
T0101;	梯形螺纹车刀

续表

加 工 程 序	程序说明
M03 S300；	
G0 X22.；	
Z2.；	
G76　P011030 Q50 R0.1；	
G76 X15.5 Z－32.　P 2250 Q 300 F4.0；	
G0 Z100；	
X100；	
M05；	
M30；	

第四节　数控车床编程综合实例

零件名称	孔轴配合套件	零件材料	45＃钢	毛坯规格	ϕ60×120、ϕ60×60

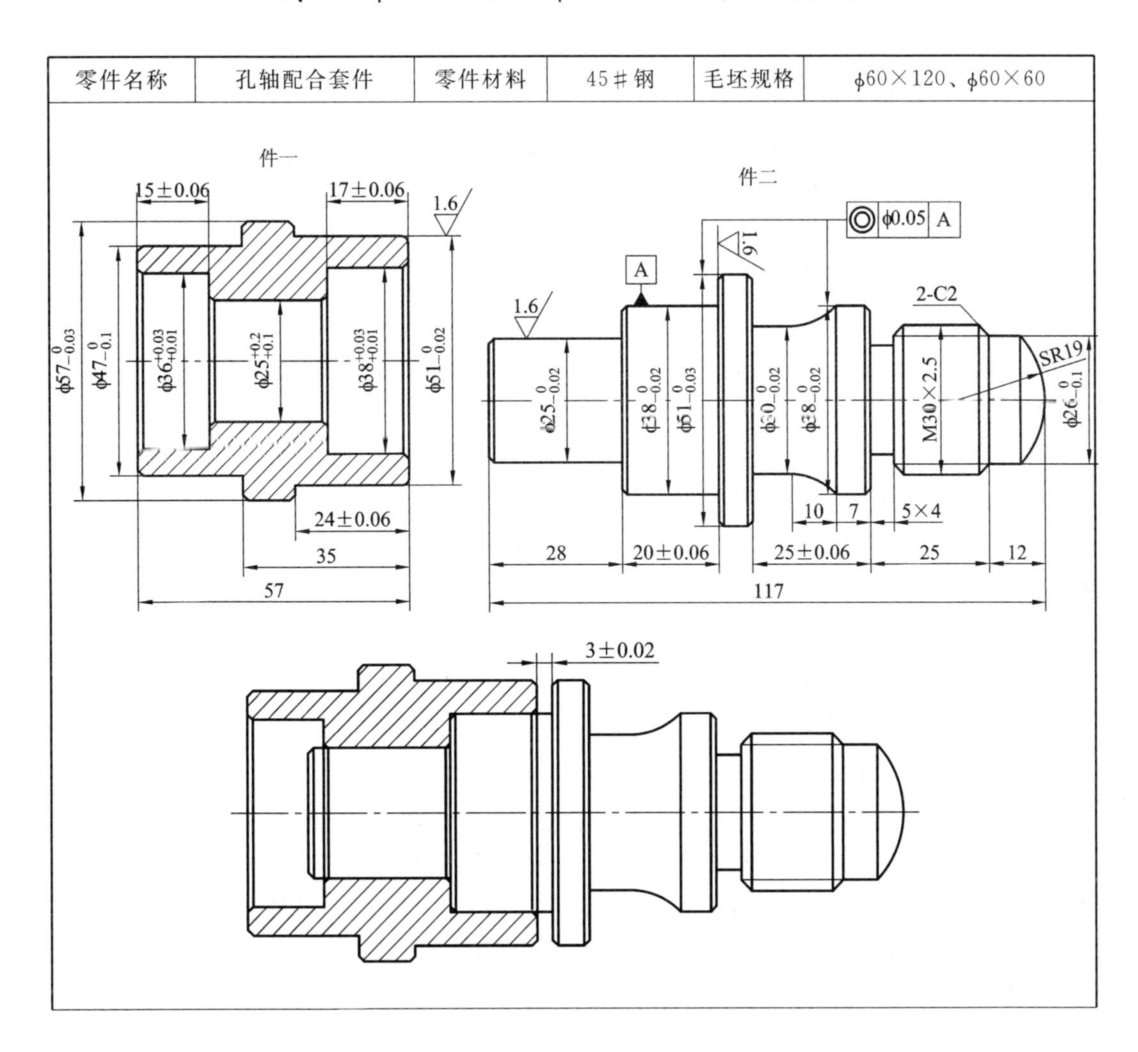

续表

<table>
<tr><td>技术要求：</td><td rowspan="8">备注：

完成此任务的时间不能超过 240 分钟</td></tr>
<tr><td>(1) 使用数控车床进行加工；</td></tr>
<tr><td>(2) 加工前毛坯材料不能进行其他预处理；</td></tr>
<tr><td>(3) 未注形位公差应符合 GB1184－80 的要求；</td></tr>
<tr><td>(4) 未注尺寸公差为 IT14；</td></tr>
<tr><td>(5) 未注表面粗糙度不能低于 Ra3.2；</td></tr>
<tr><td>(6) 不能用锉刀或纱布修饰加工表面；</td></tr>
<tr><td>(7) 未注倒角为 C1</td></tr>
</table>

图 6－25 综合件一

一、加工工艺分析

1. 零件图样与技术要求分析

如图 6－25 所示，零件表面由圆柱(包括内孔)、圆弧、外沟槽及外螺纹组成。零件结构合理，尺寸标注完整，轮廓表述清楚。

1) *尺寸精度*

本零件中精度要求较高的尺寸有：外圆 $\phi25_{-0.03}^{0}$ mm、$\phi38_{-0.02}^{0}$ mm、$\phi51_{-0.03}^{0}$ mm、$\phi26_{-0.1}^{0}$ mm；内孔 $\phi36_{0.01}^{0.03}$ mm、$\phi25_{+0.1}^{+0.2}$ mm、$\phi38_{+0.01}^{+0.03}$mm、；长度(20±0.06) mm、(25±0.06) mm、(15±0.06) mm、(17±0.06) mm、(24±0.06) mm；配合间隙(3±0.02) mm。

2) *形位精度*

主要的形位精度是：件二的外圆 $\phi51$ 和右端 $\phi38$ 外圆轴线对件二左端外圆 $\phi38$ 基准轴线 A 的同轴度公差为 $\phi0.05$；按照技术要求，其他未注的形位精度公差应符合 GB1184—80 的要求。$\phi51$ 对基准轴线 A 的同轴度要求使用同一次装夹完成加工来保证，$\phi38$ 对基准轴线 A 的同轴度要求使用百分表校正来保证。

3) *表面粗糙度*

件一外圆 $\phi51_{-0.02}^{0}$ mm，件二外圆 $\phi25_{-0.02}^{0}$ mm，$\phi51_{-0.03}^{0}$中左端面的表面粗糙度要求为 Ra1.6，其余要求至少为 Ra3.2。

2. 制定和填写加工工序单、加工准备单

详细的加工工序单见表 6－9，需要特别注意，在执行第 4 道工序的时候，一定要用百分表仔细地对工件进行校正，以保证同轴度在任务要求的形位公差范围内；在进行第四次装夹的时候，夹紧力度要适中，既要防止工件的松动，又要防止工件的变形。采用四次装夹，准备五把车刀，四次装夹均采用三爪自定心卡盘进行装夹与定位，加工准备单见表 6－10。

表 6－9　加工工序单

零件名称	孔轴配合套件	零件材料	45#钢	毛坯规格	ϕ60×120、ϕ60×60		
装夹	简图	工序号	工序	刀具编号	转速 r/mm	进给 mm/r	切深 mm
第一次装夹	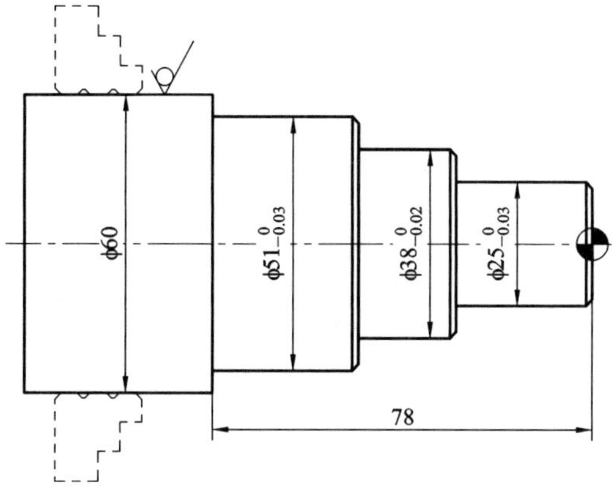	01	手动车削端面	01	500	0.15	
		02	粗车外圆轮廓至尺寸：ϕ25.7、ϕ38.7、ϕ51.7×78	01	700	0.2	1.5
		03	精车外圆轮廓至尺寸要求：ϕ25、ϕ38、ϕ51×78	01	1200	0.08	0.35
第二次装夹	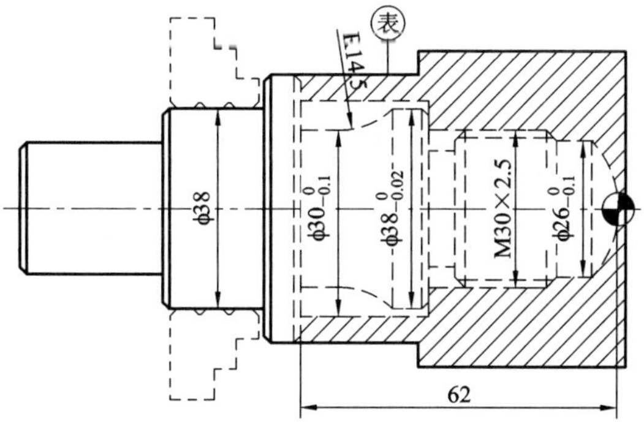	04	用百分表校正	/	/	/	/
		05	手动车削端面，控制长度	01	500	0.15	
		06	粗车外圆轮廓至尺寸：SR19.7、ϕ26.7、ϕ30.45、ϕ38.7、ϕ54×38	01	700	0.2	1.5
		07	精车外圆轮廓至尺寸要求：SR19、ϕ26、ϕ29.75	01	1200	0.08	0.35
		08	粗车 R14.5、ϕ30	02	700	0.15	1.0
		09	精车 R14.5、ϕ30	02	1200	0.08	0.35
		10	切槽 5×4	03	400	0.06	
		11	车削螺纹 M30×2.5	04	600	螺距 2.5	

续表

装夹	简图	工序号	工序	刀具编号	转速 r/mm	进给 mm/r	切深 mm
第三次装夹	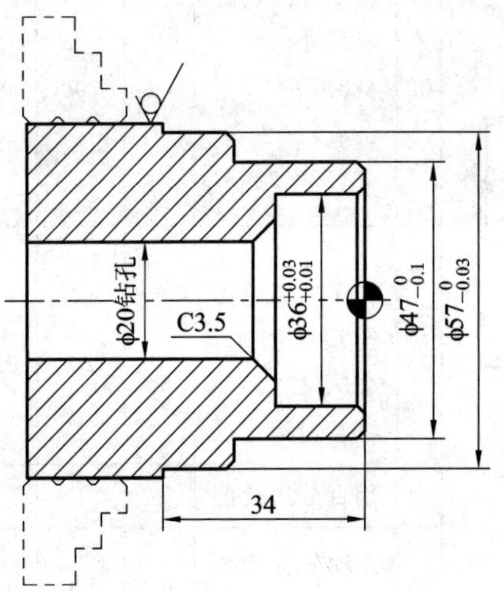 ϕ20钻孔 C3.5 $\phi36^{+0.03}_{+0.01}$ $\phi47^{0}_{-0.1}$ $\phi57^{0}_{-0.03}$ 34	12	钻通孔，使用 ϕ20 麻花钻	06	300	0.03	
		13	手动车削端面	01	500	0.15	
		14	粗车内轮廓至尺寸：ϕ35.5、台阶与 ϕ20 倒角 C3	05	300	F0.13	1.0
		15	精车内轮廓至尺寸要求：ϕ36	05	500	F0.05	0.25
		16	粗车外圆轮廓至尺寸：ϕ47.7、ϕ 57.7×34	01	700	0.2	1.5
		17	精车外圆轮廓至尺寸要求：ϕ47、ϕ57×34	01	1200	0.08	0.35
第四次装夹	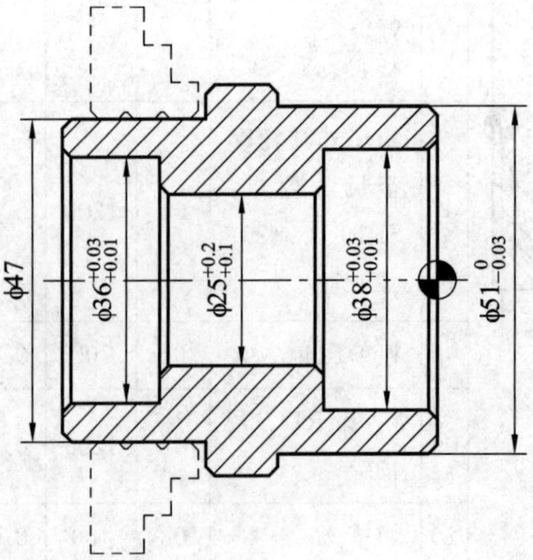 ϕ47 $\phi36^{+0.03}_{+0.01}$ $\phi25^{+0.2}_{+0.1}$ $\phi38^{+0.03}_{+0.01}$ $\phi51^{0}_{-0.03}$	18	手动车削端面，控制长度	01	500	0.15	
		19	粗车内轮廓至尺寸：ϕ37.5、ϕ25.5	05	300	F0.13	1.0
		20	精车内轮廓至尺寸要求：ϕ38、ϕ25	05	500	F0.05	0.25
		21	粗车外圆轮廓至尺寸：ϕ51.7	01	700	0.2	1.5
		22	精车外圆轮廓至尺寸要求：ϕ51	01	1200	0.08	0.35

表 6-10　加工准备单

零件名称	孔轴配合套件	零件材料	45＃钢	毛坯规格	$\phi60\times120$、$\phi60\times60$
序号	名称	规　格	单位	数量	备　注
01	数控车床	CKA6136	台	1	配备 FANUC 0i Mate-TD 系统
02	三爪自定心卡盘	最大夹持直径 $\phi200$	个	1	机械手动式
03	刀架		个	1	4 刀位回转刀架
04	卡盘扳手		把	1	
05	刀架扳手		把	1	
06	45＃圆钢	$\phi60$ mm×120 mm	件	1	
07	外圆车刀	右偏刀、主偏角 93°、副偏角 5°	把	1	硬质合金，刀具编号 01
08	外圆车刀	右偏刀、主偏角 93°、副偏角 55°	把	1	硬质合金，刀具编号 02
09	外切槽刀	右偏刀、刃宽 4mm、刃长 12mm	把	1	硬质合金，刀具编号 03
10	外螺纹刀	右偏刀、牙形角 60°	把	1	硬质合金，刀具编号 04
11	内孔车刀	$\phi18$、主偏角 93°、副偏角 5°	把	1	硬质合金，刀具编号 05
12	麻花钻	$\phi20$	把	1	高速钢，刀具编号 06
13	钢板直尺	0～300 mm	把	1	
14	游标卡尺	0～200 mm	把	1	
15	千分尺	25 ～ 50 mm、50 ～ 75 mm	把	各 1	
16	半径样板	R19、R14.5	片	1	
17	螺纹环规	M30×2.5	套	1	
18	百分表	量程 5 mm	个	3	一个用于同轴度校正、两个用于测量内径尺寸
19	内径测杆	18～35 mm、35～50 mm、	套	各 1	
20	磁性表座		套	1	
21	其他	铜棒、铜皮、计算器		各 1	

二、编写及校验加工程序

1. 编程原点的确定

件一与件二的编程原点均取在工件的左、右端面与主轴轴线相交的交点上。

2. FANUC 数控系统车削循环指令的灵活使用

外圆与内孔的粗车使用循环指令 G71 简化粗车程序；R14.5 圆弧的形状尺寸不是单调变化的，粗车使用循环指令 G73 简化粗车程序；M30×2.5 螺纹的螺距较大，为减少径向切削力，降低编程工作量与编程错误率，使用螺纹复合切削循环指令 G76 简化程序。

3. 相关计算

1）外螺纹 M30×2.5

牙型高度为

$$h_1=0.5413P=0.5413\times2.5\approx1.35\ \text{mm}$$

螺纹小径为

$$d_1=d-2h_1=30-2\times1.35=27.3\ \text{mm}$$

2) SR19 圆弧的 Z 向长度尺寸

设 SR19 圆弧的 Z 向长度尺寸为 a，如图 6-26 所示，得

$$b=\text{SQRT}[19\times19-13\times13]=13.86\ \text{mm}$$

$$a=R-b=19-13.86=5.14\ \text{mm}$$

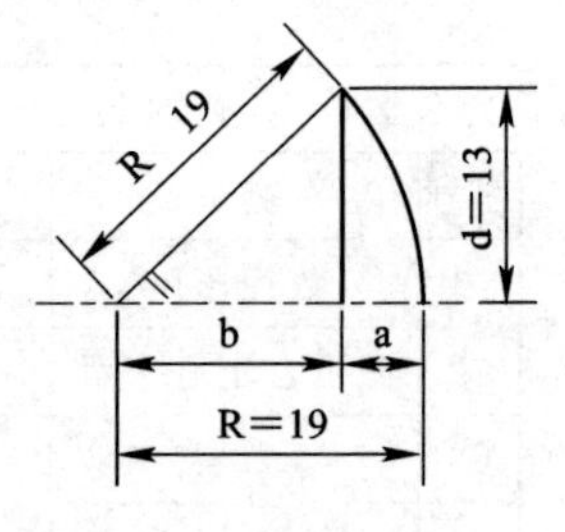

图 6-26　圆弧尺寸计算

4. 编写程序

加工程序单见表 6-11。

表 6-11　加工程序单

<table>
<tr><td>零件名称</td><td>孔轴配合套件</td><td>零件材料</td><td>45＃钢</td><td>毛坯规格</td><td>ϕ60×120、ϕ60×60</td></tr>
<tr><td colspan="6">程序号 O0001(第一次装夹)</td></tr>
<tr><td>程序段号</td><td>程序内容</td><td colspan="3">程序说明</td><td>工序号</td></tr>
<tr><td>N005</td><td>G40 G80 G97 G99;</td><td colspan="3">程序初始化</td><td rowspan="21">02</td></tr>
<tr><td>N010</td><td>G30 U0 W0;</td><td colspan="3">返回第二参考点(安全换刀点)</td></tr>
<tr><td>N015</td><td>T0101;</td><td colspan="3">编号 01 的刀装在 01 号方位，用补偿号 01</td></tr>
<tr><td>N020</td><td>M03 S700;</td><td colspan="3">主轴正转，每分钟 700 转</td></tr>
<tr><td>N025</td><td>M08;</td><td colspan="3">开启冷却液</td></tr>
<tr><td>N030</td><td>G00 X61.0 Z2.0;</td><td colspan="3">刀尖定位至粗车循环点</td></tr>
<tr><td>N035</td><td>G71 U1.5 R0.5;</td><td colspan="3">使用内、外径粗车复合循环指令简化粗车程序</td></tr>
<tr><td>N040</td><td>G71 P045 Q095 U0.7 W0 F0.2;</td><td colspan="3" rowspan="12">描述零件轮廓形状</td></tr>
<tr><td>N045</td><td>G00 X23.0;</td></tr>
<tr><td>N050</td><td>G01 Z0 F0.08;</td></tr>
<tr><td>N055</td><td>X25.0 Z-1.0;</td></tr>
<tr><td>N060</td><td>Z-28.0;</td></tr>
<tr><td>N065</td><td>X36.0;</td></tr>
<tr><td>N070</td><td>X38.0 W-1.0;</td></tr>
<tr><td>N075</td><td>Z-48.0;</td></tr>
<tr><td>N080</td><td>X49.0;</td></tr>
<tr><td>N085</td><td>X51.0 W-1.0;</td></tr>
<tr><td>N090</td><td>Z-78.0;</td></tr>
<tr><td>N095</td><td>X61.0;</td></tr>
<tr><td>N100</td><td>G30 U0 W0;</td><td colspan="3">退刀至安全换刀点，方便观察与调试</td></tr>
<tr><td>N105</td><td>M00;</td><td colspan="3">程序暂停、走刀暂停、主轴暂停、冷却关闭</td></tr>
<tr><td>N110</td><td>T0101;</td><td colspan="3">再次读刀</td><td rowspan="2">03</td></tr>
<tr><td>N115</td><td>M03 S1200;</td><td colspan="3">主轴正转，每分钟 1200 转</td></tr>
</table>

续表一

程序号 O0002(第二次装夹)			
程序段号	程序内容	程序说明	工序号
N120	M08；	开启冷却液	03
N125	G00 X61.0 Z2.0；	刀尖定位至精车循环点	
N130	G70 P045 Q095；	调用 N045 至 N095 的走刀路径进行精车	
N135	G30 U0 W0；	退刀至安全换刀点，方便观察与调试	
N140	M30；	程序停止、走刀停止、主轴停止、冷却关闭	
N005	G40 G80 G97 G99；	程序初始化	06
N010	G30 U0 W0；	返回第二参考点(安全换刀点)	
N015	T0101；	编号 01 的刀装在 01 号方位，用补偿号 01	
N020	M03 S700；	主轴正转，每分钟 700 转	
N025	M08；	开启冷却液	
N030	G00 X61.0 Z2.0；	刀尖定位至粗车循环点	
N035	G71 U1.5 R0.5；	使用内、外径粗车复合循环指令简化粗车程序	
N040	G71 P045 Q090 U0.7 W0 F0.2；		
N045	G00 X0；	描述零件轮廓形状	
N050	G01 Z0 F0.08；		
N055	G03 X26.0 Z-5.14 R19.0；		
N060	G01 Z-12.0；		
N065	X29.75W-2.0；		
N070	Z-37.0；		
N075	X36.0；		
N080	X39.0 W-1.5；		
N085	Z-62.0；		
N090	X61.0；		
N095	G30 U0 W0；	退刀至安全换刀点，方便观察与调试	
N100	M00；	程序暂停、走刀暂停、主轴暂停、冷却关闭	
N105	T0101；	再次读刀	07
N110	M03 S1200；	主轴正转，每分钟 1200 转	
N115	M08；	开启冷却液	
N120	G00 X61.0 Z2.0；	刀尖定位至精车循环点	
N125	G70 P045 Q090；	调用 N045 至 N090 的走刀路径进行精车	
N130	G30 U0 W0；	退刀至安全换刀点，方便观察与调试	
N135	M00；	程序暂停、走刀暂停、主轴暂停、冷却关闭	

续表二

程序段号	程序内容	程序说明	工序号
N140	T0202；	编号02的刀装在02号方位，用补偿号02	08
N145	M03 S700；	主轴正转，每分钟700转	
N150	M08；	开启冷却液	
N155	G00 X40.0 Z-36.0；	刀尖定位至粗车循环点	
N160	G73U5.0 W0 R5；	使用内、外径粗车平移循环指令简化粗车程序	
N165	G73 P170 Q205 U0.7 W0 F0.15；		
N170	G00 X36.0；	描述零件轮廓形状	
N175	G01 Z-37.0 F0.08；		
N180	X38.0 W-1.0；		
N185	W-6.0；		
N190	G02 X30.0 W-10.0 R14.5；		
N195	G01 Z-62.0；		
N200	X49.0；		
N204	X52.0 W-1.5；		
N205	X40.0；		
N210	G30 U0 W0；	退刀至安全换刀点，方便观察与调试	
N215	M00；	程序暂停、走刀暂停、主轴暂停、冷却关闭	
N220	T0202；	再次读刀	09
N225	M03 S1200；	主轴正转，每分钟1200转	
N230	M08；	开启冷却液	
N235	G00 X57.0 Z2.0；	刀尖定位至精车循环点	
N240	G70 P085 Q205；	调用N170至N205的走刀路径进行精车	
N245	G30 U0 W0；	退刀至安全换刀点，方便观察与调试	
N250	M00；	程序暂停、走刀暂停、主轴暂停、冷却关闭	
N255	T0303；	编号03的刀装在03号方位，用补偿号03	10
N260	M03 S400；	主轴正转，每分钟400转	
N265	M08；	开启冷却液	
N270	G00 X40.0 Z-37.0；	刀尖定位至切槽始点	
N275	G01 X22.0 F0.06；	切槽、倒角	
N280	G00 X31.0；		
N285	W3.0；		
N290	G01 X30.0 F0.06；		
N295	X26.0 W-2.0；		
N300	X22.0；		
N305	G00 X43.0；		

续表三

程序段号	程序内容	程序说明	工序号
N310	G30 U0 W0；	退刀至安全换刀点，方便观察与调试	10
N315	M00；	程序暂停、走刀暂停、主轴暂停、冷却关闭	
N320	T0404；	编号 04 的刀装在 04 号方位，用补偿号 04	11
N325	M03 S600；	主轴正转，每分钟 600 转	
N330	M08；	开启冷却液	
N335	G00 X32.0 Z0；	刀尖定位至循环点	
N340	G76 P010060 Q30 R0.02；	车削螺纹 M30×2.5 使用螺纹车削复合循环指令简化程序	
N345	G76 X27.3 Z-34.0 P1353 Q200 F2.5；		
N350	G30 U0 W0；	退刀至安全换刀点，方便观察与调试	
N355	M30；	程序停止、走刀停止、主轴停止、冷却关闭	
程序号 O0003(第三次装夹)			
程序段号	程序内容	程序说明	工序号
N005	G40 G80 G97 G99；	程序初始化	14
N010	G30 U0 W0；	返回第二参考点(安全换刀点)	
N015	T0404；	编号 05 的刀装在 04 号方位，用补偿号 04	
N020	M03 S300；	主轴正转，每分钟 300 转	
N025	M08；	开启冷却液	
N030	G00 X20.0 Z2.0；	刀尖定位至粗车循环点	
N035	G71 U1.0 R0.5；	使用内、外径粗车复合循环指令简化粗车程序	
N040	G71 P045 Q075 U-0.5 W0 F0.13；		
N045	G00 X38.0；	描述零件轮廓形状	
N050	G01 Z0 F0.05；		
N055	X36.0 Z-1.0 ；		
N060	Z-15.0；		
N065	X27.0；		
N070	X20.0 W-3.5；		
N075	X20.0；		
N080	G30 U0 W0；	退刀至安全换刀点，方便观察与调试	
N085	M00；	程序暂停、走刀暂停、主轴暂停、冷却关闭	

续表四

<table>
<tr><th>程序段号</th><th>程序内容</th><th>程序说明</th><th>工序号</th></tr>
<tr><td>N090</td><td>T0404；</td><td>再次读刀</td><td rowspan="14">15</td></tr>
<tr><td>N095</td><td>M03 S500；</td><td>主轴正转，每分钟 500 转</td></tr>
<tr><td>N100</td><td>M08；</td><td>开启冷却液</td></tr>
<tr><td>N105</td><td>G00 X20.0 Z2.0；</td><td>刀尖定位至精车循环点</td></tr>
<tr><td>N110</td><td>G70 P045Q075；</td><td>调用 N045 至 N075 的走刀路径进行精车</td></tr>
<tr><td>N115</td><td>G30 U0 W0；</td><td>退刀至安全换刀点，方便观察与调试</td></tr>
<tr><td>N120</td><td>M00；</td><td>程序暂停、走刀暂停、主轴暂停、冷却关闭</td></tr>
<tr><td>N125</td><td>T0101；</td><td>编号 01 的刀装在 01 号方位，用补偿号 01</td></tr>
<tr><td>N130</td><td>M03 S700；</td><td>主轴正转，每分钟 700 转</td></tr>
<tr><td>N135</td><td>M08；</td><td>开启冷却液</td></tr>
<tr><td>N140</td><td>G00 X61.0 Z2.0；</td><td>刀尖定位至粗车循环点</td></tr>
<tr><td>N145</td><td>G71 U1.5 R0.5；</td><td rowspan="2">使用内、外径粗车复合循环指令简化粗车程序</td></tr>
<tr><td>N150</td><td>G71 P155 Q190 U0.7 W0.05F0.2；</td></tr>
<tr><td>N155</td><td>G00 X45.0；</td><td>描述零件轮廓形状</td></tr>
<tr><td>N160</td><td>G01 Z0 F0.08；</td><td rowspan="7"></td><td rowspan="9">16</td></tr>
<tr><td>N165</td><td>X47.0 Z-1.0；</td></tr>
<tr><td>N170</td><td>Z-22.0；</td></tr>
<tr><td>N175</td><td>X55.0；</td></tr>
<tr><td>N180</td><td>X57.0 W-1.0；</td></tr>
<tr><td>N185</td><td>Z-34.0；</td></tr>
<tr><td>N190</td><td>X61.0；</td></tr>
<tr><td>N195</td><td>G30 U0 W0；</td><td>退刀至安全换刀点，方便观察与调试</td></tr>
<tr><td>N200</td><td>M00；</td><td>程序暂停、走刀暂停、主轴暂停、冷却关闭</td></tr>
<tr><td>N205</td><td>T0101；</td><td>再次读刀</td><td rowspan="7">17</td></tr>
<tr><td>N210</td><td>M03 S1200；</td><td>主轴正转，每分钟 1200 转</td></tr>
<tr><td>N215</td><td>M08；</td><td>开启冷却液</td></tr>
<tr><td>N220</td><td>G00 X61.0 Z2.0；</td><td>刀尖定位至精车循环点</td></tr>
<tr><td>N225</td><td>G70 P155 Q190；</td><td>调用 N155 至 N190 的走刀路径进行精车</td></tr>
<tr><td>N230</td><td>G30 U0 W0；</td><td>退刀至安全换刀点，方便观察与调试</td></tr>
<tr><td>N235</td><td>M30；</td><td>程序停止、走刀停止、主轴停止、冷却关闭</td></tr>
<tr><td colspan="4">程序号 O0004(第四次装夹)</td></tr>
<tr><th>程序段号</th><th>程序内容</th><th>程序说明</th><th>工序号</th></tr>
<tr><td>N005</td><td>G40 G80 G97 G99；</td><td>程序初始化</td><td rowspan="5">19</td></tr>
<tr><td>N010</td><td>G30 U0 W0；</td><td>返回第二参考点(安全换刀点)</td></tr>
<tr><td>N015</td><td>] T0404；</td><td>编号 05 的刀装在 04 号方位，用补偿号 04</td></tr>
<tr><td>N020</td><td>M03 S300；</td><td>主轴正转，每分钟 300 转</td></tr>
<tr><td>N025</td><td>M08；</td><td>开启冷却液</td></tr>
</table>

续表五

程序段号	程序内容	程序说明	工序号
N030	G00 X20.0 Z2.0;	刀尖定位至粗车循环点	19
N035	G71 U1.0 R0.5;	使用内、外径粗车复合循环指令简化粗车程序	
N040	G71 P045 Q080 U-0.5W0 F0.13;		
N045	G00 X40.0;	描述零件轮廓形状	
N050	G01 Z0 F0.05;		
N055	X38.0 Z-1.0 ;		
N060	Z-17.0;		
N065	X23.0;		
N070	X25.0 W-1.0;		
N075	Z-42.0;		
N080	X20.0;		
N085	G30 U0 W0;	退刀至安全换刀点，方便观察与调试	
N090	M00;	程序暂停、走刀暂停、主轴暂停、冷却关闭	
N095	T0404;	再次读刀	20
N100	M03 S500;	主轴正转，每分钟 500 转	
N105	M08;	开启冷却液	
N110	G00 X20.0 Z2.0;	刀尖定位至精车循环点	
N115	G70 P045 Q080;	调用 N045 至 N080 的走刀路径进行精车	
N120	G30 U0 W0;	退刀至安全换刀点，方便观察与调试	
N125	M00;	程序暂停、走刀暂停、主轴暂停、冷却关闭	
N130	T0101;	编号 01 的刀装在 01 号方位，用补偿号 01	21
N135	M03 S700;	主轴正转，每分钟 700 转	
N140	M08;	开启冷却液	
N145	G00 X61.0 Z2.0;	刀尖定位至粗车循环点	
N150	G71 U1.5 R0.5;	使用内、外径粗车复合循环指令简化粗车程序	
N155	G71 P160 Q190 U0.7 W0 F0.2;		
N160	G00 X49.0;	描述零件轮廓形状	
N165	G01 Z0 F0.08;		
N170	X51.0 Z-1.0;		
N175	Z-24.0;		
N180	X55.0;		
N185	X58.0 W-1.5;		
N190	X61.0;		
N195	G30 U0 W0;	退刀至安全换刀点，方便观察与调试	
N200	M00;	程序暂停、走刀暂停、主轴暂停、冷却关闭	

续表六

程序段号	程序内容	程序说明	工序号
N205	T0101；	再次读刀	22
N210	M03 S1200；	主轴正转，每分钟 1200 转	
N215	M08；	开启冷却液	
N220	G00 X61.0 Z2.0；	刀尖定位至精车循环点	
N225	G70 P160 Q190；	调用 N160 至 N190 的走刀路径进行精车	
N230	G30 U0 W0；	退刀至安全换刀点，方便观察与调试	
N235	M30；	程序停止、走刀停止、主轴停止、冷却关闭	

5. 校验加工程序

使用 FANUC 数控系统自带的编程轨迹图形模拟功能来校验所编程序的正误。

三、调整机床

1. 装夹车刀

把编号 01 的外圆车刀装于 T01 的刀架方位上，把编号 02 的外圆车刀装于 T02 的刀架方位上，把编号 03 的外切槽刀装于 T03 的刀架方位上，把编号 04 的外螺纹刀装于 T04 的刀架方位上，待编号 04 的外螺纹刀使用完后，卸下外螺纹刀，把编号 05 的内孔刀装于 T04 的刀架方位上。

2. 装夹毛坯

在数控车床上装夹毛坯，应保证伸出长度满足加工要求，夹紧可靠，件二掉头装夹应打表找正，以保证同轴度要求。

3. 对刀

寻找编程原点在机床坐标系上的准确位置，对刀具做准确的形状补偿。

四、零件加工

启动自动加工功能，进行自动加工，使用对应的量具控制零件尺寸精度。

第七章　宏程序的应用

第一节　宏程序概述

前面我们所介绍的每个数控指令代码其功能是固定的，由系统厂家开发，使用者只需按规定编程即可。但仅靠这些固定的指令满足不了用户的需要，所以数控系统还提供了用户宏程序功能，方便用户自己扩展数控系统的功能。

一组以子程序形式存储并带有变量的程序称为用户宏程序，简称宏程序；用户宏程序的本体中，可以使用变量进行编程，也可以用宏指令对这些变量进行赋值、运算等处理。而普通程序中，只能指定常量，常量不能运算，程序只能顺序执行，不能跳转，因此功能是固定的，不能变化。

用户宏程序分为 A、B 两类，FANUC 0TD 系统采用 A 类用户宏程序，使用“G65Hm”格式的宏指令来表达各种数学运算和逻辑关系；FANUC 0i 系统采用 B 类用户宏程序。本章节主要介绍 B 类用户宏程序。

第二节　变　　量

一、变量的表示

当指定一个变量时，通常在“#”后指定变量号。通常用#I 表示，I=1,2,3…，如：#5，#109；也可以用一个表达式指定变量号，这时表达式需要用方括号括起来，如：#[#1+#2+5]。

二、变量的赋值

赋值是将一个数据赋予一个变量，例如#1=0，则表示#1 的值是 0，其中#1 代表变量，“#”是变量符号，“=”是赋值符号，起定义语句的作用。

（1）赋值号“=”两边的内容不能随意互换，左边只能是变量，右边可以是表达式、数值或变量；

（2）可以多次给一个变量赋值，新变量值将取代原变量值；

（3）表达式可以是变量自身与其他数据的运算结果，如#1=#1+1，与数学表达式不同。

三、变量的使用

（1）地址后面指定变量号和公式。

格式：

〈地址字〉#I　　　〈地址字〉#[〈式子〉]

例如：F#103，设#103=15，则为F15；Z－#110，设#110=250，则为Z－250(注意：负号(－)放在#前面)。

(2) 变量号可以用变量代替。

例如：#[#30]，设#30=3，则为#3。

(3) 变量不能使用地址O、N。以下方法不允许：O#1；N#3。

(4) 变量号所对应的变量，对每一个地址来说，都有具体的数值范围例：#30=1100，则M#30是不允许的。

(5) #0为空变量，没有定义变量值的变量也是空变量。

特别注意："变量的值是0"和"变量的值是空"是两个完全不一样的概念，前者表示"变量的数值等于0"，后者表示"该变量所对应的地址根本就不存在，不生效"。

四、变量的分类

(1) 局部变量(#1～#33)：在宏程序中局部使用的变量。当宏程序1调用宏程序2而且都有变量#1时，由于变量#1服务于不同的局部，所以程序1中的#1与程序2中的#1不是同一个变量，因此可以赋予不同的数值，且互不影响；断电后局部变量都会被清除。

(2) 公共变量(#100～#199，#500～#999)：当宏程序1调用宏程序2而且都有变量#100时，在程序1和程序2中#100是同一个变量；#100～#199断电时清除，#500～#999断电后不清除。

(3) 系统变量(#1000以上)：有固定用途的变量，它的值决定系统的状态，包括刀具偏置值变量、接口输入和接口输出信号变量及位置信号变量等。

五、变量的赋值与运算

可以对变量进行赋值，也可以对变量进行算术运算和逻辑运算，具体如表7-1所示。

表7-1　算术与逻辑运算表

功　能		格　式
定义、置换		# i=# j
算术运算	加法	# i+# j
	减法	#i−#j
	乘法	# i * # j
	除法	# i/# j
	正弦	# i=SIN[# j]
	反正弦	# i=ASIN[# j]
	余弦	# i =COS[# j]
	反余弦	# i =ACOS[# j]
	正切	# i=TAN[# j]
	反正切	# i =ATAN[# j]

续表

功能		格式
算术运算	平方根	# i=SQRT[# j]
	绝对值	# i=ABS[# j]
	舍入	# i=ROUND[# j]
	指数函数	# i=EXP[# j]
	自然对数	# i=LN[# j]
	上取整	# i=FUP# j
	下取整	# i=FIX# j
逻辑运算	与	# i AND# j
	或	# i OR　# j
	异或	# i XOR # j

1. 赋值与变量

赋值是将一个数据赋予一个变量，例如：#1=0，则表示#1 的值是 0，这里“=”是赋值符号，起语句定义的作用。使用时应注意：

(1) 赋值号“=”两边的内容不能随意互换，左边只能是变量，右边可以是表达式、数值或变量；

(2) 可以多次给一个变量赋值，新变量将取代原有变量(最后赋的值生效)；

(3) 在赋值运算中，表达式可以是变量自身与其他数据运算的结果，如：#1=#1+1，则表示#1 的值为#1+1，这种形式的表达式可以说是宏程序运算的原动力。

2. 算术与逻辑运算

(1) 三角函数的角度单位为度(°)，如：36°15′30″应转换为 3.275°代入三角函数进行运算。

(2) 取整后绝对值比原值大为上取整，反之为下取整。

例如：假设#1=1.2，#2=-1.2。

当执行#3=FUP[#1]时，#3=2.0；

当执行#3=FIX[#1]时，#3=1.0；

当执行#3=FUP[#2]时，#3=-2.0；

当执行#3=FIX[#2]时，#3=-1.0；

(3) 可以用函数名的前两个字符指定该函数。

例如：ROUND→RO FIX→FI

(4) 混合运算的顺序，从高到低为：函数运算→乘、除、与运算→加、减、或、异或；“[]”可以改变运算顺序，最多允许 5 级嵌套。

例如：#6=COS[[[#5+#4] * #3+#2] * #1]

(5) 指数函数。

i=EXP[# j]相当于：　# i=e^{# j}

(6) 自然对数。

i=LN[# j]相当于：# i =Ln # j

函数 f(x)=(1+1/x)^x 有定义，当 x 趋向于无穷大时，此函数有极限，且极限是一无理数，把这一极限值记为 e，作为自然对数的底，约为 2.718281828，这是为了记数方便起见对此所做的一种规定(或叫约定)。

(7) 等式右边的表达式可包含常量或由函数运算符组成的变量，运算中变量的取值是有范围限制的。

例如：＃ i=ASIN[＃ j]与＃ i =ACOS[＃ j] 中＃ j 取值只能是−1～1，超出范围会触发程序错误报警 No.111。

六、运算符

在使用宏程序时常需要使用运算符来对数值、变量或表达式进行比较，并以比较的结果来决定程序的执行顺序，常用的运算符及含义如表 7-2 所示。

表 7-2　常用的运算符及其含义

运算符	含　义	英文注释
EQ	等于(=)	EQUAL
NE	不等于(≠)	NOT E
GT	大于(>)	GREAT THAN
GE	大于等于(≥)	GREAT THAN OR EQUAL
LT	小于(<)	LESS THAN
LE	小于等于(≤)	LESS THAN OR EQUAL

第三节　循环与转移

在宏程序中可以使用 GOTO 语句、IF 语句、WHILE 语句来改变程序的流向。

一、转移

1. 无条件转移 (GOTO 语句)

GOTO 语句的作用是无条件跳转到标有顺序号 n 的程序段，n 的取值为 1～99999，以外的数值会触发 P/S 报警 No.128。其格式为

GOTO n;

2. 条件转移(IF 语句)

(1) IF [< 条件表达式>]GOTO n;

如果指定的条件满足，则转移到标有顺序号 n 的程序段；如果条件不满足，则执行下个程序段。

例如：

```
IF [＃1 GT100] GOTO 99;
…
N99 G00 G90 Z100;
```

…

(2) IF[＜条件表达式＞] THEN；

如果指定的条件表达式满足，则执行预先指定的宏程序语句，而且只执行一个宏程序语句。例如：

IF [＃1 EQ ＃2] THEN ＃3=10；

如果＃1 和＃2 的值相同，就将 10 赋给＃3。

注意：条件表达式必须包含运算符，运算符插在两个变量中间或变量和常量之间，并且用"[]"封闭。

3. 转移的应用

用宏程序的转移指令求 1～100 所有自然数的累加和。

(1) 确定变量：将被加数 1、2、3、4、5、6、7……设定为一个变量＃1，初值为 1；将累加的和 3、6、10、15、21、28……设定为另一个变量＃2，初值为 0。

(2) 确定变量的变化范围：＃1 从 1 变化到 100，＃2 跟随＃1 变化。

(3) 编程如下：

```
O0001
＃1=1;                              被加数变量的初值
＃2=0;                              和变量的初值
N1 IF [＃1GT 100] GOTO 2;           如果＃1 大于 100 就转移到 N2
＃2=＃2+＃1;
＃1=＃1 + 1;
GOTO 1;
N2 M30;
```

(4) 条件的设定：根据题目的意思，条件可以设定为多种。例如：

＃1 GT 100；

＃1 EQ 101；

＃1 GE 101；

二、循环

在 WHILE 后面指定一个表达式，当指定条件满足时，执行 DO 到 END 之间的程序，否则，转到 END 后面的程序段。DO 后面的标号 m 是指定程序执行范围的标号，标号值为 1，2，3，不能使用其他值。

格式：

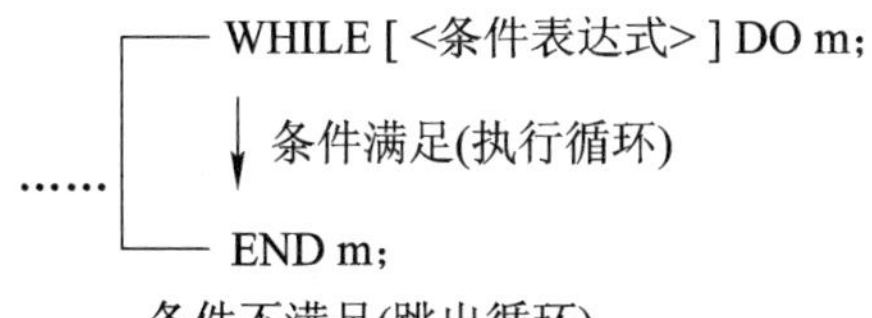

注意循环与转移的不同：循环语句中，只有当条件满足时，才执行循环；转移语句中，如果条件满足，就跳出循环。

说明：

(1) 标号 1～3 可以根据需要多次使用，例如：

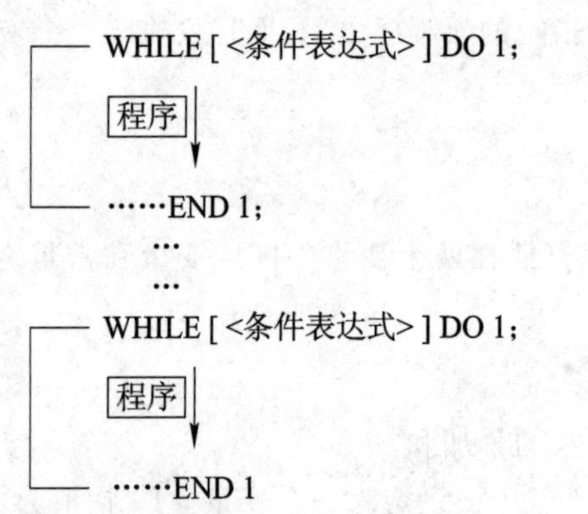

(2) DO 的范围不能交叉，例如：

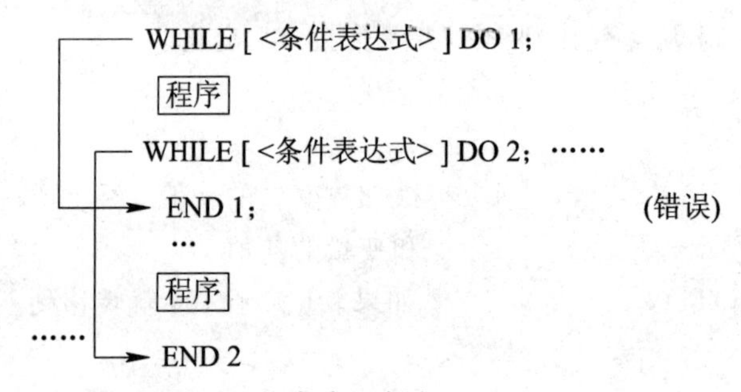

(3) DO 循环可以 3 重嵌套，例如：

```
WHILE [ <条件表达式> ] DO 1;
    WHILE [ <条件表达式> ] DO 2;
        WHILE [ <条件表达式> ] DO 3;
        程序
        END 3;
    END 2;
END 1;
```

(4) 条件转移可以跳到循环的外面，例如

```
WHILE [ <条件表达式> ] DO 1;
IF [ <条件表达式> ] GOTO n;
END 1;
Nn;
```

(5) 转移不能进入循环区内，例如：

```
IF [ <条件表达式> ] GOTO n;
WHILE [ <条件表达式> ] DO 1;
Nn;                                    (错误)
END 1;
```

(6) DO m 和 END m 必须成对使用，且 DO m 在 END m 之前。

(7) 当指定 DO，而没有指定 WHILE 时，将产生 DO 到 END 之间的无限循环。

3. 循环的应用

用宏程序的循环指令求 1～100 所有自然数的累加和，编程如下：

```
O0001
#1=1;                           被加数变量的初值；
#2=0;                           和变量的初值；
WHILE [#1 LE 100] DO 1;（当#1 小于等于 100 时执行循环）
#2=#2+#1;
#1=#1+1;
END 1;
M30;
```

条件可以是：

```
#1 LE 100
#1 LT 101
```

第四节　宏程序的调用

一、调用的分类

1. 用 G、M 代码调用

用 G 代码调用宏程序，格式如下：

G ＜g＞＜自变量赋值＞－G65 P＜p＞＜自变量赋值＞

用 M 代码调用子程序，格式如下：

M98 ＜p＞

2. 非模态调用(G65)

当指定 G65 时，调用以地址 P 指定的用户宏程序，数据(自变量)能传递到用户宏程序中，指令格式如下：

G65 P＜p＞L＜L＞＜字变量赋值＞；

其中：＜p＞——要调用的程序号。

＜L＞——重复次数，默认为 1，可取 1～9999。

＜字变量赋值＞——传递到宏程序中的数据。

3. 模态调用(G66 G67)

当指定 G66 时，在以后的含有轴移动指令的段执行之后，地址 P 所指定的宏程序被调用，直至发出 G67 指令，该调用方式被取消。

二、宏程序调用时地址与变量的关系

调用宏程序时地址与变量的对应关系如表 7 - 3 所示。

表 7 - 3　地址与局部变量的对应关系

自变量赋值 I 地址	本体中的变量	自变量赋值 I 地址	本体中的变量
A	＃1	M	＃13
B	＃2	Q	＃17
C	＃3	R	＃18
I	＃4	S	＃19
J	＃5	T	＃20
K	＃6	U	＃21
D	＃7	V	＃22
E	＃8	W	＃23
F	＃9	X	＃24
H	＃11	Y	＃25
		Z	＃26

上表中，文字变量为除 G、L、N、O、P 以外的英文字母，一般可不按字母顺序排列，但 I、J、K 例外；＃1～＃26 为数字序号变量。例如：

G65　P1000 A1.0　B2.0　I3.0

上述程序段为宏程序的简单调用格式，其含义为：调用宏程序号为 1000 的宏程序运行一次，并为宏程序中的变量赋值，其中：＃1 为 1.0，＃2 为 2.0，＃4 为 3.0。

第五节　宏程序应用实例

一、宏程序加工椭圆

如图 7 - 1 所示的轴类零件，其中有一段椭圆，使用宏程序编程加工。

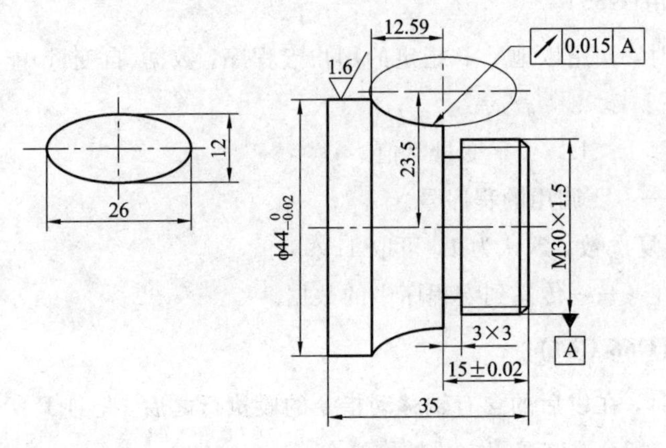

图 7 - 1　椭圆加工

1. 相关理论知识

1）二次曲线的定义

从动点P到定点F的距离PF与到定直线L的距离PH之比为定值ε，即PF∶PH=ε。如果ε<1，则动点P的轨迹为椭圆；如果ε=1，则动点P的轨迹为抛物线；如果ε>1，则动点P的轨迹为双曲线。

这时定点F称为焦点，定比ε称为离心率，定直线L称为准线。

2）椭圆的方程

椭圆的方程有两种形式，一是标准方程，二是参数方程。

椭圆的长半轴为a，短半轴为b，则椭圆的标准方程可以表示为

$$\frac{x^2}{a^2}+\frac{y^2}{b^2}=1$$

过椭圆上任意一点P，分别作水平线和垂直线，与长半轴圆、短半轴圆相交，交点与原点连成的直线与X轴的夹角称为离心角θ，则椭圆上任意点P的坐标可以表示为

$$\begin{cases}x=a\cos\theta\\y=b\sin\theta\end{cases}$$

上式就是椭圆的参数方程。

特别注意：椭圆上任一点P与原点连成的直线与X轴的夹角β，从图7-2中可以看出，离心角θ和β是完全不同的，一般情况下不能用β来代替θ，但如果椭圆在四个象限点上，β和θ是相同的。

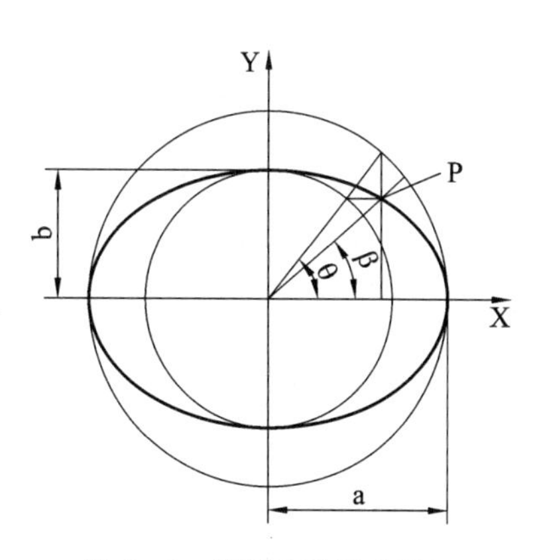

图7-2　椭圆轨迹示意图

2. 宏程序编程的一般步骤

在数控车床上加工椭圆，只能是椭圆轨迹中的一部分，在进行编程时，可按以下步骤完成：

(1) 确定椭圆的方程；

(2) 设定变量，确定自变量和应变量，确定自变量的变化范围；

(3) 通过椭圆方程，确定变量之间的关系，用自变量表示应变量；

(4) 设定工件坐标系和图形坐标系，并确定图形坐标系中的坐标与工件坐标系中的坐标之间的关系；

(5) 编写零件加工程序。

3. 椭圆编程分析

(1) 确定椭圆方程。

图7-1中没有给定角度，所以本题应采用标准方程进行编程。

根据题意可知，椭圆的长半轴a为13，短半轴b为6，则椭圆的标准方程为

$$\frac{z^2}{13^2}+\frac{x^2}{6^2}=1$$

(2) 设定变量。

设#1为椭圆方程中任一点的z坐标，由于图中直接给定了z方向的变化范围

0～－12.59，则将 z 坐标设为自变量＃1 比较方便，将任一点的 x 坐标设为应变量＃2。

(3) 确定变量之间的关系。

根据椭圆方程可得

＃2＝6＊SQRT[13＊13－＃1＊＃1]/13

(4) 确定图形坐标系中的坐标与工件坐标系中的坐标之间的关系。

根据图可知，＃1 和＃2 之间的关系都是根据图形坐标系确定的，由＃1 和＃2 确定的任意一点的坐标也是在图形坐标系中的坐标，而编程是按照工件坐标系进行插补的，需要对两个坐标系中的坐标进行转换。

设＃3 为编程坐标系中的 z 坐标，则＃3＝＃01－15；设＃4 为编程坐标系中的 x 坐标，则＃4＝47－2＊＃2。

4. 程序编制

椭圆部分的精加工参考程序如表 7－4 所示。

表 7－4 椭圆精加工程序表

加工程序	程序说明
O0001	程序名
T0101；	93°外圆刀
M03 S600；	
M08	
G0 Z－14.；	
X45.；	
＃1＝0；	初始 Z 坐标为 0
WHILE [＃1 GE－12.59]DO 1	
＃2＝6＊SQRT[13＊13－＃1＊＃1]/13；	
＃3＝＃1－15.；	
＃4＝47－2＊＃2；	
G01 X[＃4] Z[＃3] F0.05；	
＃01＝＃1－0.1；	
IF [＃1LT－12.59] THEN ＃1＝－12.59；	
END1；	
G0 Z100；	
X100；	
M05；	
M30；	

将此精加工程序代入到 G71 粗加工固定循环指令中，即可实现完整的编程。

二、宏程序在数铣分层铣削中的应用

如图 7－3 所示，前面在介绍子程序时，我们用调用子程序的方法，实现了零件的分层铣削加工，使用调用子程序的方法进行编程，需要两个程序，即一个主程序和一个子程序。学习了宏程序以后，我们可以将切削深度 Z 设定为变量，用一个程序就可以完成编程。具体如表 7－5 所示。

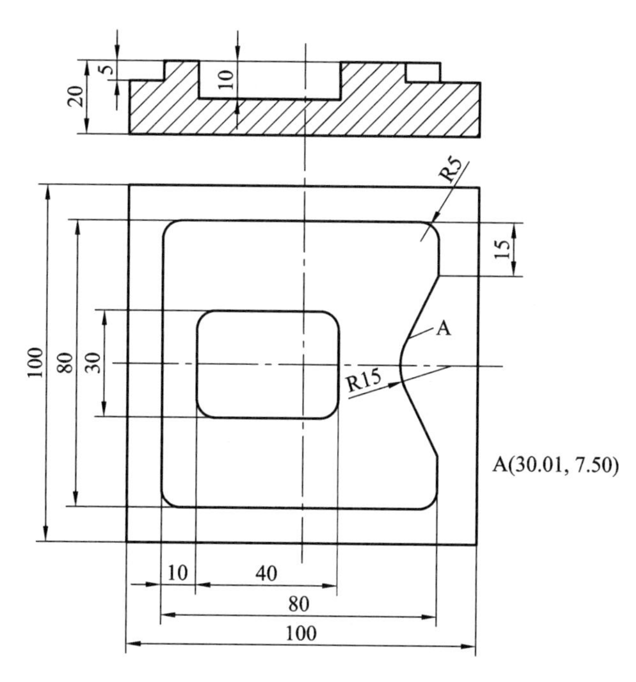

图 7－3　典型铣床加工零件

表 7－5　参考程序

加工程序	程序说明
O0001	外形加工程序
T1;	ϕ10 的立铣刀
G00 G54 G17 G90 G40 G80 G69;	初始状态
＃1＝0;	设＃1 为 Z 坐标变量，初始值为 0
M03 S800;	
G00 X－60 Y0;	刀具到初始定位点
G00 G43 Z100 H1;	建立刀具长度补偿
G00 Z＃1;	Z 向下刀到与工件上表面平齐

续表一

加工程序	程序说明
WHILE [#1GT-5] DO 1;	当#1大于-5时执行循环
#1=#1-1;	每次Z坐标减少1 mm
G00 Z#1;	下刀至#1指定的值
G41 G01 X-50 Y-10 D1 F80;	建立刀具半径左补偿
G03 X-40 Y0 R10;	圆弧入刀
G01 Y35;	
G02 X-35 Y40 R5;	
G01 X35;	
G02 X40 Y35 R5;	
G01 Y25;	
G01 X30.1 Y7.5	
G03 Y-7.5 R15;	
G01 X40 Y-25;	
G01 Y-35;	
G02 X35 Y-40 R5;	
G01 X-35;	
G02 X-40 Y-35 R5;	
G01 X-40 Y0;	切削一周，返回到入刀点
G03 X-50 Y10 R10;	圆弧出刀
G01 G40　X-60 Y0;	取消刀补，返回到初始点位点
END1;	循环结束
G00 G49 Z100;	
M05;	
M30;	
O0002	槽加工程序
T2;	ϕ8的立铣刀

续表二

加工程序	程序说明
G00 G54 G17 G90 G40 G80 G69；	初始状态
＃2＝0；	设＃2为Z坐标变量，初始值为0
M03 S800；	
G00 X－10 Y0；	刀具到初始定位点
G00 G43 Z100 H2；	建立刀具长度补偿
G00 Z10	Z向先下刀至离工件上表面10 mm位置
G01 Z＃2 F80	以G01方式下刀刀工件上表面
WHILE [＃2 GT－10] DO1；	当＃2大于－10时执行循环
＃2＝＃2 － 1；	每次Z坐标减少1 mm
G01 X0 Z－＃2 F80；	斜线下刀
G41 G01 X0 Y－10 D2；	建立刀具半径左补偿
G03 X10 Y0 R10；	圆弧入刀
G01 Y10；	
G03 X5 Y15 R5；	
G01 X－25；	
G03 X－30 Y10 R5；	
G01 Y－10；	
G03 X－25 Y－15 R5；	
G01 X5；	
G03 X10 Y－10 R5；	
G01 Y0；	切削一周，返回到入刀点
G03 X0 Y10 R10.；	圆弧出刀
G01 G40 X－10 Y0；	取消刀补，返回到初始点位点
END1；	
G00 G49 Z100；	
M05；	
M30；	

第八章　职业技能鉴定实操试题

第一节　数控车中级工试题

试题一　拉杆的车削

一、零件图

拉杆零件图如图 8-1 所示。

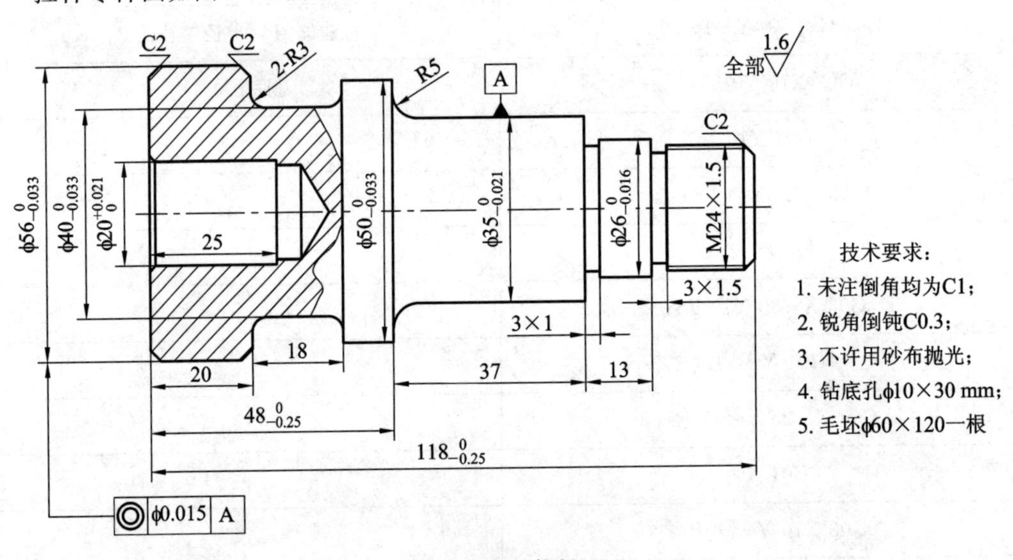

图 8-1　拉杆

二、加工难点分析

表面粗糙度要求高，全部为 Ra1.6，合理选择切削用量是关键；同轴度要求高，零件掉头车削前打表找正时宜控制在 0.01 mm。

三、工件质量评价

拉杆工件质量评价表如表 8-1 所示。

表 8－1　拉杆工件质量评价表

工件名称	拉　杆		零件编号	01	
	序号	检测内容	配分	评分标准	检测结果
外圆	1	$\phi26_{-0.016}^{\ 0}$	10	超差 0.01 扣 5 分	
	2	$\phi35_{-0.021}^{\ 0}$	8	超差 0.01 扣 4 分	
	3	$\phi50_{-0.033}^{\ 0}$	8	超差 0.01 扣 4 分	
	4	$\phi56_{-0.033}^{\ 0}$	8	超差 0.01 扣 4 分	
孔	5	$\phi20_{\ 0}^{+0.021}$	8	超差 0.01 扣 4 分	
长度	6	$118_{-0.25}^{\ 0}$	6	超差 0.02 扣 3 分	
	7	$48_{-0.25}^{\ 0}$	6	超差 0.02 扣 3 分	
	8	13、18、20	3	超差 0.06 扣 1 分	
	9	25、37	2	超差 0.06 扣 1 分	
槽宽	10	3×1	2	超差 0.1 扣 1 分	
	11	3×1.5	2	超差 0.1 扣 1 分	
圆弧	12	2－R3	3	不合格不得分	
	13	R5	2	不合格不得分	
螺纹	14	M24×1.5	8	不合格不得分	
倒角	15	3－C2	4	不合格不得分	
表面粗糙度	16	Ra1.6	12	超差不得分	
形位公差	17	◎ ϕ0.015 A	8	超差不得分	
合计			100		

试题二　冷却管喷嘴的车削

一、零件图

冷却管喷嘴零件图如图 8－2 所示。

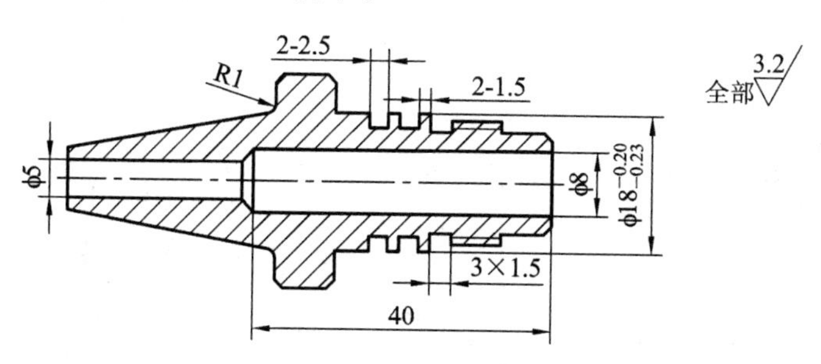

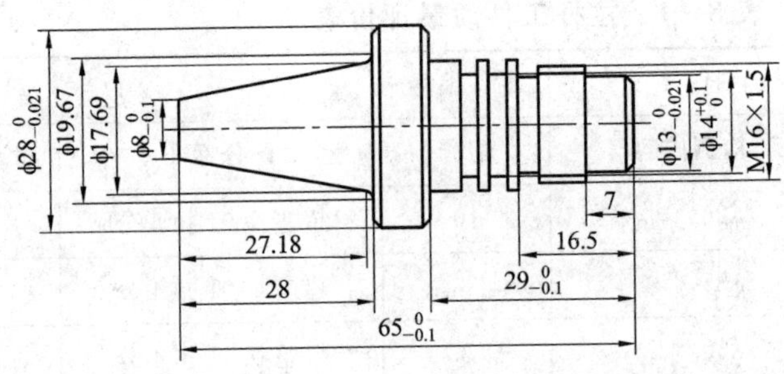

技术要求：

1. 未注倒角均为C1；
2. 内孔由钻头直接加工；
3. 毛坯φ30×70一根

图 8-2　冷却管喷嘴

二、加工难点分析

冷却管喷嘴孔加工属于细长孔，排削冷却困难，尤其是直径 5 mm 的孔钻头直径小，刚性差，宜采用高转速，低进给加工方式。整体零件尺寸较小，为保证表面加工质量，车削时宜采用较高转速加工。

三、工件质量评价

冷却管喷嘴工件质量评价表如表 8-2 所示。

表 8-2　冷却管喷嘴工件质量评价表

工件名称	冷却管喷嘴		零件编号	02	
	序号	检测内容	配分	评分标准	检测结果
外圆	1	$\phi 13_{-0.021}^{0}$	10	超差 0.01 扣 6 分	
	2	$\phi 14_{0}^{+0.1}$	8	超差 0.01 扣 4 分	
	3	$\phi 18_{-0.23}^{-0.2}$	10	超差 0.01 扣 5 分	
	4	$\phi 28_{-0.021}^{0}$	10	超差 0.01 扣 5 分	
	5	$\phi 8_{-0.1}^{0}$	8	超差 0.01 扣 2 分	
孔	6	φ5	4	超差 0.1 扣 1 分	
	7	φ8	4	超差 0.1 扣 1 分	
长度	8	$29_{-0.1}^{0}$	6	超差 0.04 扣 1 分	
	9	$65_{-0.1}^{0}$	6	超差 0.04 扣 1 分	
	10	7、16.5	4	超差 0.06 扣 1 分	
	11	28、40	2	超差 0.06 扣 1 分	
槽宽	12	2－2.5	4	不合格不得分	
	13	3×1.5	2	不合格不得分	
圆弧	14	R1	2	不合格不得分	
螺纹	15	M16×1.5	9	不合格不得分	
倒角	16	3－C1	3	不合格不得分	
表面粗糙度	17	Ra3.2	8	不合格不得分	
合计			100		

试题三　半球头轴的车削

一、零件图

半球头轴零件图如图 8－3 所示。

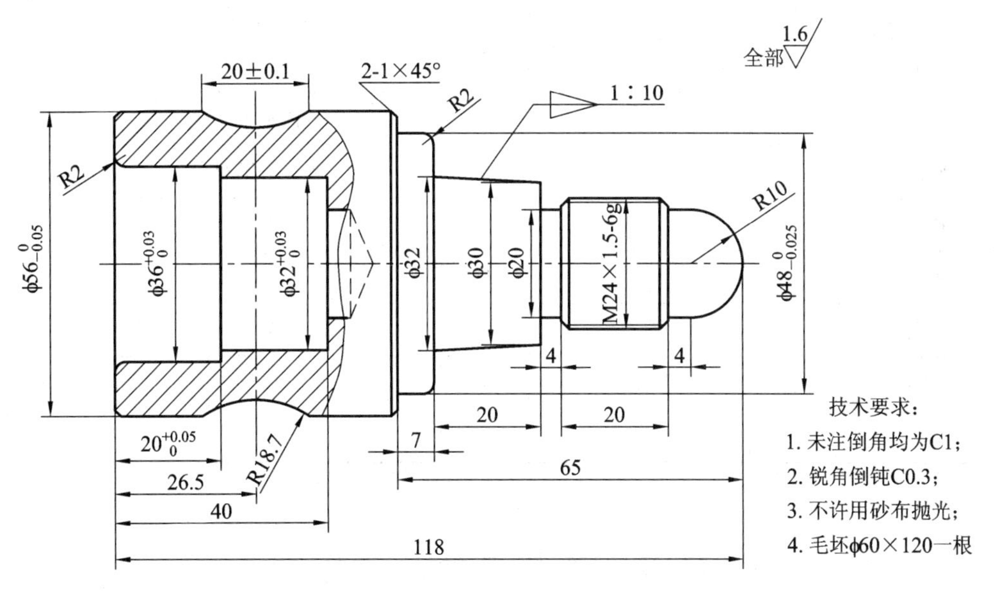

图 8－3　半球头轴

二、加工难点分析

表面粗糙度要求高，全部为 Ra1.6，车削 R10 圆球时应选用合理的刀具几何角度，同时采用较高的转速以保证表面质量。

三、工件质量评价

半球头轴工件质量评价表如表 8－3 所示。

表 8－3　半球头轴工件质量评价表

工件名称	半球头轴		零件编号	03	
	序号	检测内容	配分	评分标准	检测结果
外圆	1	$\phi 48^{0}_{-0.025}$	10	超差 0.01 扣 5 分	
	2	$\phi 56^{0}_{-0.05}$	10	超差 0.01 扣 5 分	
	3	φ32、φ30	4	超差 0.04 扣 1 分	
孔	4	$\phi 32^{+0.03}_{0}$	8	超差 0.01 扣 4 分	
	5	$\phi 36^{+0.03}_{0}$	8	超差 0.01 扣 4 分	

续表

工件名称	序号	检测内容	配分	评分标准	检测结果
长度	6	$118_{-0.1}^{0}$	6	超差 0.04 扣 1 分	
	7	$40_{0}^{+0.1}$	6	超差 0.04 扣 1 分	
	8	$20_{0}^{+0.05}$	6	超差 0.01 扣 2 分	
	9	7、20、65	3	超差 0.06 扣 1 分	
	10	$20_{-0.1}^{+0.1}$	6	超差 0.01 扣 2 分	
槽宽	11	4	2	不合格不得分	
圆弧	12	R10、R2、R18.7	6	不合格不得分	
锥度	13	1∶10	7	不合格不得分	
螺纹	14	M24×1.5	8	不合格不得分	
倒角	15	2－C1	2	不合格不得分	
表面粗糙度	16	Ra3.2	8	不合格不得分	
合计			100		

试题四　车削内外三角螺纹套

一、零件图

三角螺纹套零件图如图 8－4 所示。

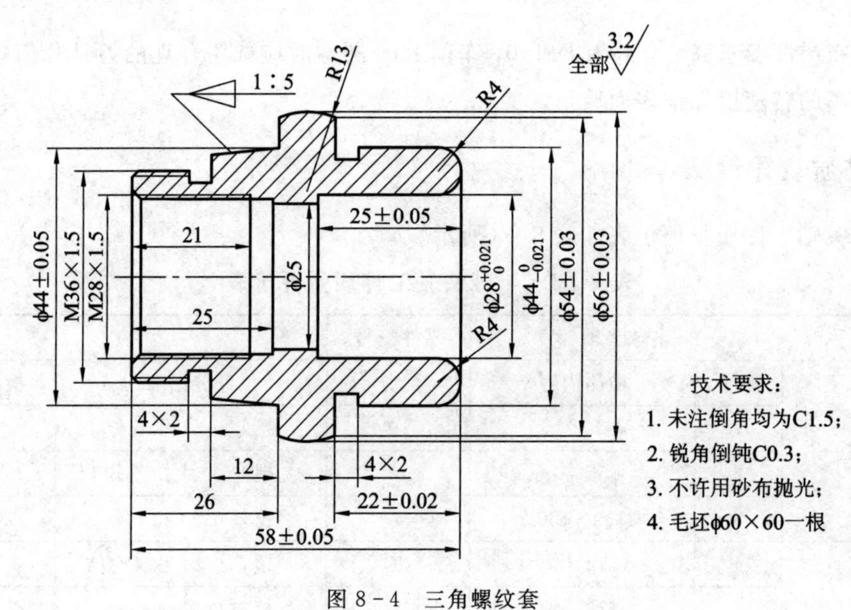

图 8－4　三角螺纹套

二、加工难点分析

零件尺寸精度要求较高，R4 圆弧特形面需用两把刀对接，对刀的基本功要求较高，否则轮廓较难保证。

三、工件质量评价

三角螺纹套工件质量评价表如表 8-4 所示。

表 8-4　三角螺纹套工件质量评价表

工件名称	内外三角螺纹套		零件编号	04	
	序号	检测内容	配分	评分标准	检测结果
外圆	1	$\phi44_{-0.021}^{0}$	8	超差 0.01 扣 4 分	
	2	$\phi54_{-0.03}^{+0.03}$	8	超差 0.01 扣 4 分	
	3	$\phi56_{-0.03}^{+0.03}$	6	超差 0.01 扣 3 分	
	4	$\phi44_{-0.05}^{+0.05}$	6	超差 0.01 扣 3 分	
孔	5	$\phi28_{0}^{+0.021}$	8	超差 0.01 扣 4 分	
	6	$\phi25$	4	超差 0.02 扣 1 分	
长度	7	$22_{-0.02}^{+0.02}$	8	超差 0.01 扣 4 分	
	8	$25_{-0.05}^{+0.05}$	6	超差 0.01 扣 3 分	
	9	$58_{-0.05}^{+0.05}$	6	超差 0.01 扣 3 分	
	10	25、26	2	超差 0.04 扣 1 分	
槽宽	11	2—4×2	4	超差 0.04 扣 1 分	
圆弧	12	R4	2	不合格不得分	
	13	R13	2	不合格不得分	
螺纹	14	M28×1.5	8	不合格不得分	
	15	M36×1.5	8	不合格不得分	
锥度	16	1∶5	4	不合格不得分	
倒角	17	C1.5	2	不合格不得分	
表面粗糙度	18	Ra3.2	8	不合格不得分	
合计			100		

第二节 数控铣中级工试题

试题一 方形凸台的编程与加工

一、零件图

方形凸台零件图如图 8 - 5 所示。

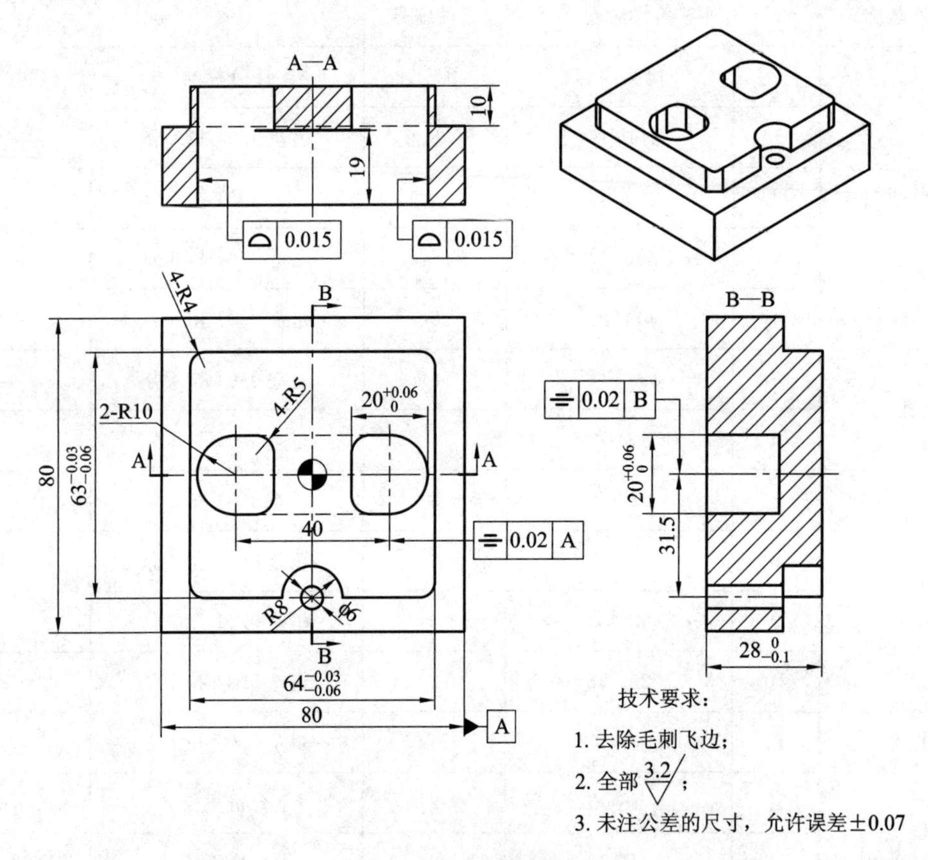

图 8 - 5 方形凸台

二、加工难点分析

零件加工要素由方形圆角凸台、对称腔槽、环形槽及孔构成。几何形状属于二维轮廓图形，几何形状的节点坐标计算较简单。内、外轮廓均有尺寸公差要求。为保证加工质量，加工过程分为粗加工(单边留 0.2 mm)—半精加工(单边留 0.1 mm)—精加工三个工序。

工件中标注的面轮廓度公差为 0.015 mm，工件要正反两面铣削，接刀痕过大将影响到轮廓度误差值。此外对称度公差值为 0.02 mm，X、Y 轴对刀精度的高低将直接影响到对称误差数值。外轮廓的尺寸精度公差值为 0.03 mm，用外径千分尺测量保证尺寸精度，内轮廓腔槽的尺寸精度公差值为 0.06 mm，一侧面为垂直平面，另一侧为圆弧面，测量时易产生误差，需采用内测千分尺测量。

三、任务评价

方形凸台的编程与加工任务评价如表 8－5 所示。

表 8－5　方形凸台的编程与加工任务评价表

任务		方形凸台的编程与加工				
基本检查	编程	序号	检测内容	配分	评分标准	得分
基本检查	编程	1	空运行图形正确	8	不正确全扣	
基本检查	编程	2	程序输入正确	6	错一处扣 2 分	
基本检查	编程	3	程序完整、无缺漏	6	错一处扣 2 分	
基本检查	操作	4	刀具安装规范	5	不规范不得分	
基本检查	操作	5	正确找正工件、装夹规范	5	不合格不得分	
基本检查	操作	6	安全文明生产	5	不合格不得分	
基本检查	操作	7	维护保养正确	6	不合格不得分	
尺寸检测		8	$64\times63_{-0.06}^{-0.03}$	12	超差 0.01 扣 2 分	
尺寸检测		9	80×80	7	超差 0.01 扣 1 分	
尺寸检测		10	4－R4、4－R5	8	一处不合格扣 1 分	
尺寸检测		11	2－R10	4	一处不合格扣 2 分	
尺寸检测		12	R8	2	不合格不得分	
尺寸检测		13	$2-20_{0}^{+0.06}$	8	超差 0.01 扣 1 分	
尺寸检测		14	$20_{0}^{+0.06}$	4	超差 0.01 扣 1 分	
尺寸检测		15	$28_{-0.1}^{0}$	4	超差 0.01 扣 1 分	
尺寸检测		16	$\phi6$	4	不合格不得分	
尺寸检测		17	深度 10、19	4	超差 0.01 扣 1 分	
尺寸检测		18	⌯ 0.02	2	不合格不得分	
合计				100		

试题二　五角凸台的编程与加工

一、零件图

五角凸台零件图如图 8－6 所示。

二、加工难点分析

图中标注的垂直度公差为 0.02 mm，装夹零件前须找正平口钳的平行度，将其控制在 0.01 mm 以内才能保证铣削要求。工件正面铣削完毕，侧面装夹铣削时，宜将编程原点设置在侧边上以便于程序编制及尺寸精度的保证。

外轮廓的尺寸精度公差值为 0.03 mm，用外径千分尺测量保证尺寸精度；内轮廓圆孔的尺寸精度公差值为 0.06 mm，需采用内测千分尺或内径百分表测量。

三、任务评价

五角凸台的编程与加工任务评价如表 8－6 所示。

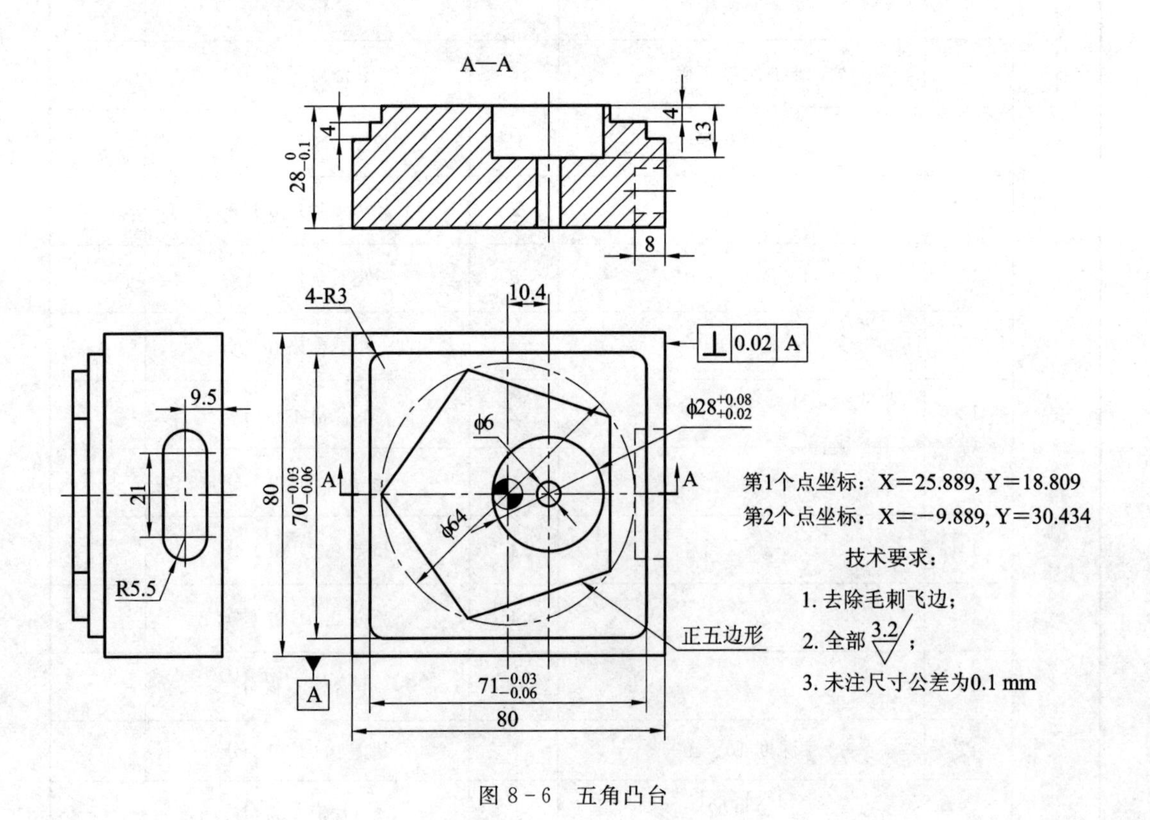

图 8－6　五角凸台

表 8-6 五角凸台的编程与加工任务评价表

任务		五角凸台的编程与加工				
基本检查	编程	序号	检测内容	配分	评分标准	得分
基本检查	编程	1	空运行图形正确	8	不正确全扣	
基本检查	编程	2	程序输入正确	6	错一处扣 2 分	
基本检查	编程	3	程序完整、无缺漏	8	错一处扣 2 分	
基本检查	操作	4	刀具安装规范	5	不规范不得分	
基本检查	操作	5	正确找正工件、装夹规范	5	不合格不得分	
基本检查	操作	6	安全文明生产	5	不合格不得分	
基本检查	操作	7	维护保养正确	4	不合格不得分	
尺寸检测		8	$71\times70_{-0.06}^{-0.03}$	10	超差 0.01 扣 2 分	
尺寸检测		9	80×80	7	超差 0.01 扣 1 分	
尺寸检测		10	4-R3	8	一处不合格扣 2 分	
尺寸检测		11	2-R5.5	4	一处不合格扣 2 分	
尺寸检测		12	$\phi28_{+0.02}^{+0.08}$	8	超差 0.01 扣 1 分	
尺寸检测		13	$\phi6$	7	不合格不得分	
尺寸检测		14	$28_{-0.1}^{0}$	7	超差 0.01 扣 1 分	
尺寸检测		15	深度 8	2	超差 0.01 扣 1 分	
尺寸检测		16	深度 4	2	超差 0.01 扣 1 分	
尺寸检测		17	深度 13	2	超差 0.01 扣 1 分	
尺寸检测		18	⊥ 0.02 A	2	不合格不得分	
合计				100		

试题三 半圆凹槽的编程与加工

一、零件图

半圆凹槽零件图如图 8-7 所示。

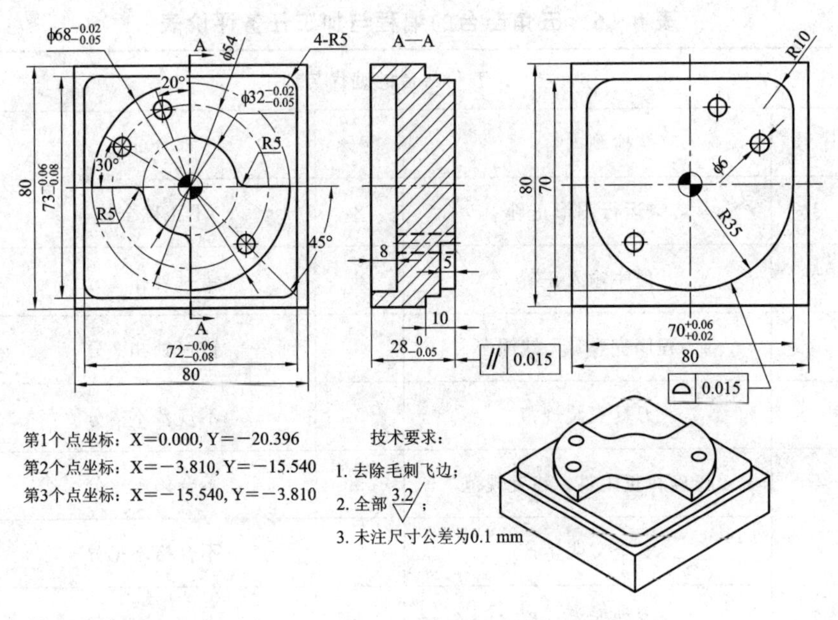

图 8-7　半圆凹槽

二、加工难点分析

图中标注的面轮廓度公差为 0.015 mm，需设置合理的精加工参数及机床的反向间隙才能保证加工精度。上下表面的平行度公差为 0.015 mm，工件反面装夹时需确保底平面与垫块充分接触，才能保证加工精度。钻削孔加工若不采用极坐标编制加工程序，需绘制二维图形捕捉基点坐标值。外轮廓的尺寸精度公差值为 0.02 mm，用外径千分尺测量保证尺寸精度；内轮廓凹槽的尺寸精度公差值为 0.04 mm，需采用内测千分尺或块规检测。

三、任务评价

半圆凹槽零件的编程与任务加工评价表如表 8-7 所示。

表 8-7　半圆凹槽的编程与加工任务评价表

任务		半圆凹槽的编程与加工				
基本检查	编程	序号	检测内容	配分	评分标准	得分
		1	空运行图形正确	8	不正确全扣	
		2	程序输入正确	8	错一处扣 2 分	
		3	程序完整、无缺漏	8	错一处扣 2 分	
		4	刀具安装规范	5	不规范不得分	
	操作	5	正确找正工件、装夹规范	5	不合格不得分	
		6	安全文明生产	5	不合格不得分	
		7	维护保养正确	4	不合格不得分	

续表

任务	半圆凹槽的编程与加工				
尺寸检测	8	$70^{+0.06}_{+0.02}$	6	超差 0.01 扣 2 分	
	9	80×80	6	超差 0.01 扣 2 分	
	10	2 - R10	4	一处不合格扣 2 分	
	11	4 - R5	5	一处不合格扣 1 分	
	12	$\phi68^{-0.02}_{-0.05}$	5	超差 0.01 扣 2 分	
	13	$\phi32^{-0.02}_{-0.05}$	8	超差 0.01 扣 3 分	
	14	$72\times73^{-0.06}_{-0.08}$	10	超差 0.01 扣 3 分	
	15	3－ϕ6	3	不合格不得分	
	16	$28^{0}_{-0.05}$	3	超差 0.01 扣 1 分	
	17	深度 5、深度 8、深度 10	3	不合格不得分	
	18	// 0.015	2	不合格不得分	
	19	⌓ 0.015	2	不合格不得分	
合计			100		

第三节　数控车高级工试题

试题一　二件套配合件加工一

一、零件图

二件套配合件加工一零件图如图 8 - 8 所示。

二、加工难点分析

零件两件套配合，配合间隙 0.5 mm，加工时应自行设定尺寸公差以保证尺寸精度要求。

三、工件质量评分表

二件套配合件加工一工件质量评分表如表 8 - 8 所示。

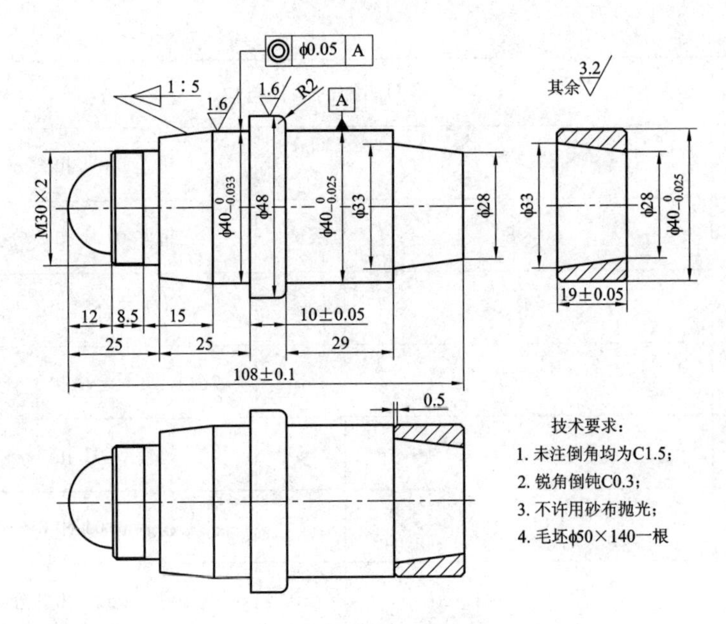

图 8－8　二件套配合加工一

表 8－8　二件套配合件一工件质量评分表

工件名称	二件套配合件一		零件编号	01	
	序号	检测内容	配分	评分标准	检测结果
外圆	1	$\phi40_{-0.025}^{0}$	15	超差 0.02 扣 5 分	
	2	$\phi40_{-0.025}^{0}$	15	超差 0.02 扣 5 分	
	3	$\phi40_{-0.033}^{0}$	15	超差 0.05 扣 5 分	
孔	4	ϕ33	5	超差 0.02 扣 3 分	
	5	ϕ28	5	超差 0.02 扣 3 分	
长度	6	118±0.1	4	超差 0.04 扣 1 分	
	7	19±0.05	4	超差 0.04 扣 1 分	
	8	10±0.05	3	超差 0.1 扣 1 分	
	9	0.5	2	超差 0.1 扣 1 分	
锥度	10	1∶5	4	不合格不得分	
	11	锥面配合	10	不合格不得分	
倒角	12	锐角倒钝角	2	不合格不得分	
表面粗糙度	13	Ra1.6	8	超差不得分	
形位公差	14	◎ ϕ0.015 A	8	超差不得分	
合计			100		

试题二　二件套配合件加工二

一、零件图

二件套配合件加工二零件图如图 8－9 所示。

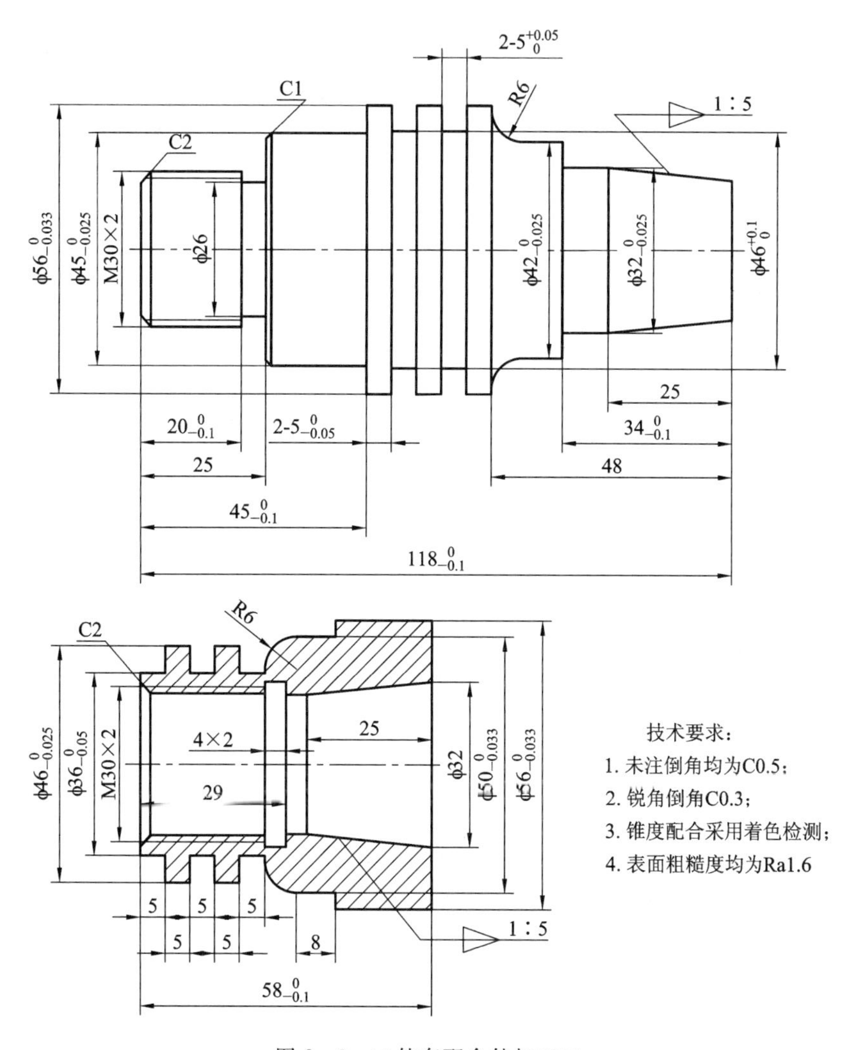

图 8－9　二件套配合件加工二

二、加工难点分析

零件二件套加工，涉及螺纹配合与锥孔配合，为保证锥孔配合效果，加工锥孔时应依据锥轴的公差控制锥孔尺寸精度。

三、工件质量评分表

二件套配合二工件质量评分表如表 8－9 所示。

表 8-9　二件套配合件二工件质量评分表

工件名称	二件套配合件二		零件编号	02	
	序号	检测内容	配分	评分标准	检测结果
外圆	1	$\phi32_{-0.025}^{0}$	6	超差 0.01 扣 3 分	
	2	$\phi42_{-0.025}^{0}$	6	超差 0.01 扣 3 分	
	3	$\phi45_{-0.025}^{0}$	6	超差 0.01 扣 3 分	
	4	$\phi56_{-0.033}^{0}$	6	超差 0.01 扣 3 分	
	5	$\phi36_{-0.05}^{0}$	6	超差 0.01 扣 3 分	
	6	$\phi46_{-0.025}^{0}$	6	超差 0.01 扣 3 分	
	7	$\phi50_{-0.033}^{0}$	6	超差 0.01 扣 3 分	
	8	$\phi56_{-0.033}^{0}$	6	超差 0.01 扣 3 分	
孔	9	$\phi32$	2	超差 0.04 扣 1 分	
长度	10	$20_{-0.1}^{0}$	4	超差 0.04 扣 1 分	
	11	$34_{-0.1}^{0}$	4	超差 0.04 扣 1 分	
	12	$45_{-0.1}^{0}$	3	超差 0.04 扣 1 分	
	13	$58_{-0.1}^{0}$	3	超差 0.04 扣 1 分	
	14	8、25、29、48	4	超差 0.1 扣 1 分	
槽宽	15	4×2	1	超差 0.1 扣 1 分	
	16	$2-5_{-0.05}^{0}$	4	超差 0.04 扣 1 分	
螺纹	17	M30×2	5	不合格不得分	
	18	M30×2	5	不合格不得分	
倒角	19	2-C2	2	不合格不得分	
	20	C1	1	不合格不得分	
圆弧	21	2-R6	4	不合格不得分	
锥度	22	1∶10	5	超差不得分	
表面粗糙度	23	Ra1.6	5	超差不得分	
合计			100		

试题三　曲面轴套配合件加工

一、零件图

曲面轴套配合件加工零件图如图 8－10 所示。

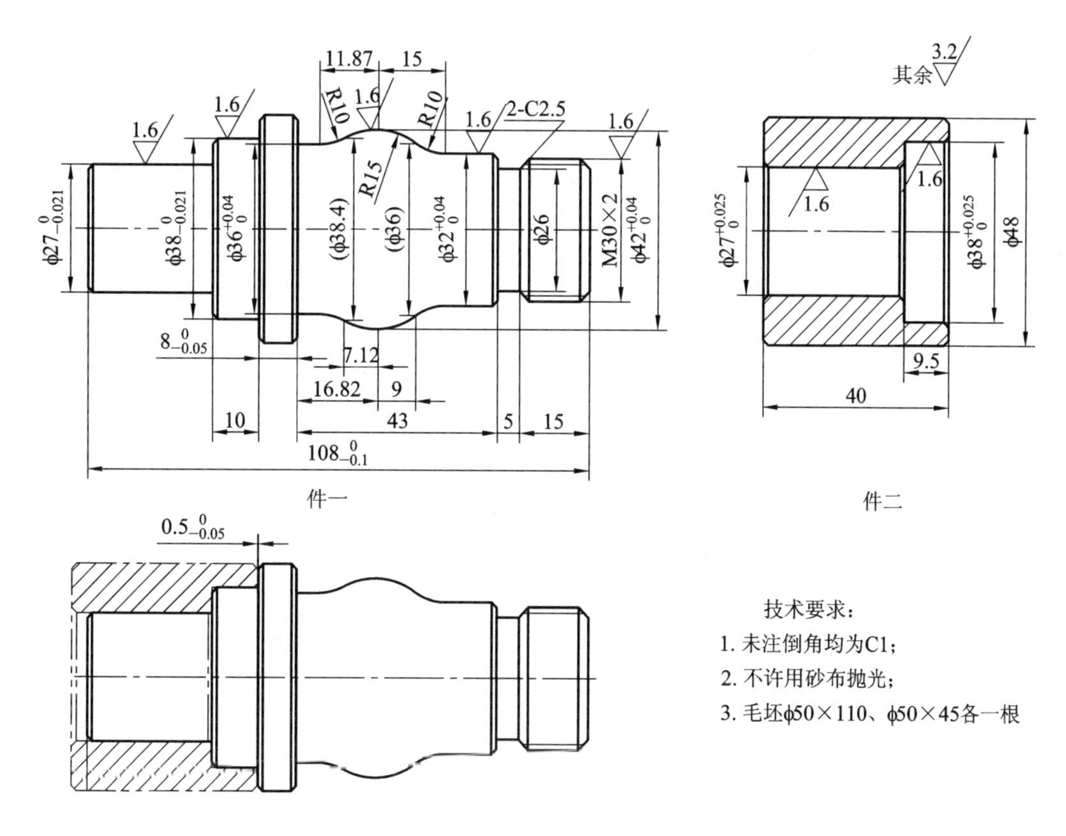

图 8－10　曲面轴套配合件图

二、加工难点分析

零件二件套加工，曲面轴尺寸精度与表面质量要求高，掉头加工时应用铜皮包裹已加工表面，防止夹伤。

三、工件质量评分表

曲面轴套配合件质量评分表如表 8－10 所示。

表 8-10　曲面轴套配合件质量评分表

工件名称	曲面轴套配合件		零件编号	03	
	序号	检测内容	配分	评分标准	检测结果
外圆	1	$\phi27_{-0.021}^{0}$	10	超差 0.01 扣 5 分	
	2	$\phi32_{0}^{+0.04}$	8	超差 0.01 扣 4 分	
	3	$\phi36_{0}^{+0.04}$	8	超差 0.01 扣 4 分	
	4	$\phi38_{-0.021}^{0}$	10	超差 0.01 扣 5 分	
	5	$\phi42_{0}^{+0.04}$	8	超差 0.01 扣 4 分	
孔	6	$\phi27_{0}^{+0.025}$	8	超差 0.01 扣 4 分	
	7	$\phi38_{0}^{+0.025}$	8	超差 0.01 扣 4 分	
长度	8	$108_{-0.1}^{0}$	5	超差 0.04 扣 1 分	
	9	$8_{-0.05}^{0}$	5	超差 0.02 扣 1 分	
槽宽	10	$\phi26\times5$	2	超差 0.1 扣 1 分	
圆弧	11	R10、R15	3	不合格不得分	
螺纹	12	M30×2	8	不合格不得分	
倒角	14	8-C1	4	不合格不得分	
	15	2-C2.5	4	不合格不得分	
表面粗糙度	16	Ra1.6	9	不合格不得分	
合计			100		

试题四　复杂多配二件套加工

一、零件图

复杂多配二件套零件图如图 8-11 所示。

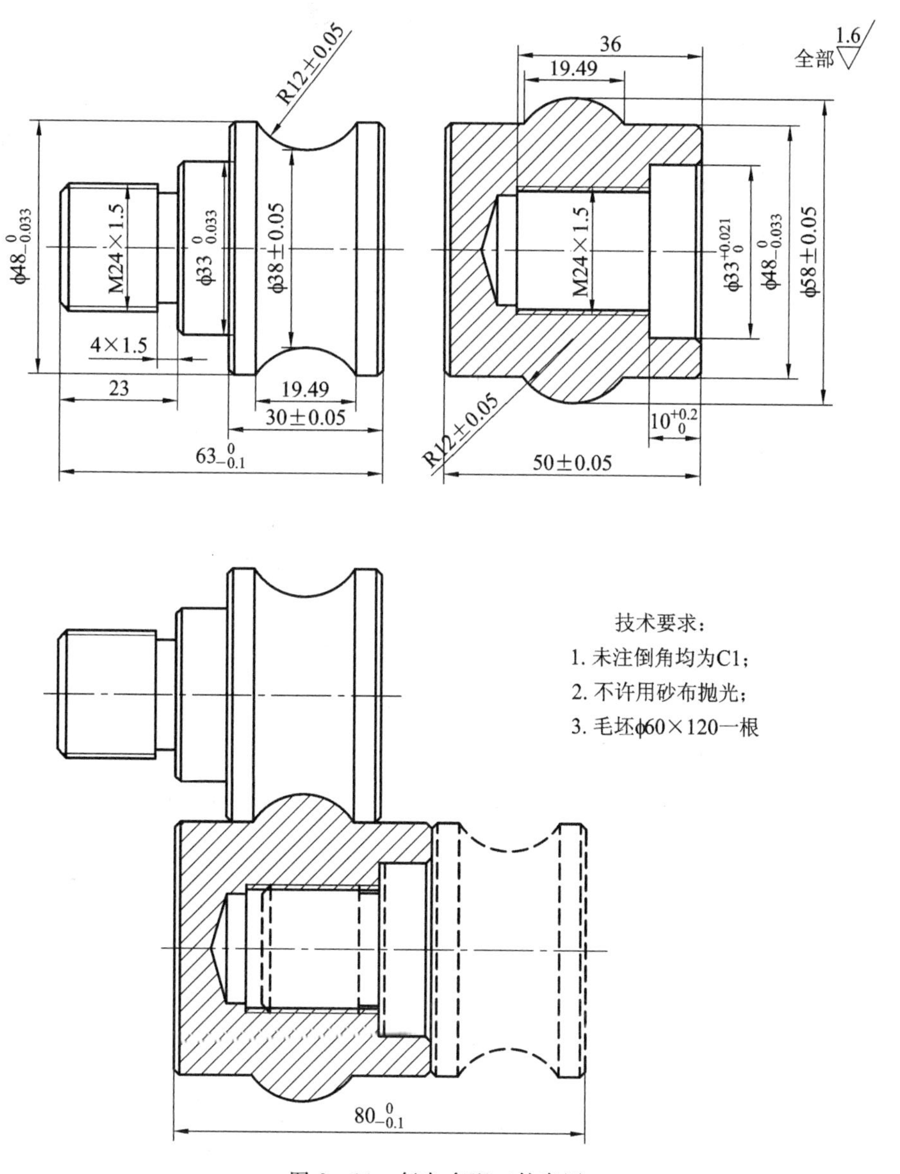

图 8-11　复杂多配二件套图

二、加工难点分析

零件两件套加工涉及螺纹配合与曲面配合，为保证加工质量，制定合理的工艺是关键，切断时中间保留 1 mm 的凸台，用橡胶锤敲断即可。为防止表面夹伤，可用软爪或用铜皮包裹已加工表面。

三、工件质量评分表

复杂多配二件套质量评分表如表 8-11 所示。

表 8－11　复杂多配二件套质量评分表

工件名称	复杂多配二件套		零件编号	04	
	序号	检测内容	配分	评分标准	检测结果
外圆	1	$\phi33_{-0.03}^{0}$	8	超差 0.01 扣 4 分	
	2	$\phi38_{-0.05}^{+0.05}$	5	超差 0.01 扣 4 分	
	3	$\phi48_{-0.033}^{0}$	8	超差 0.01 扣 4 分	
	4	$\phi48_{-0.033}^{0}$	8	超差 0.01 扣 4 分	
	5	$\phi58_{-0.05}^{+0.05}$	5	超差 0.01 扣 3 分	
	6	$\phi10$	4	超差 0.05 扣 1 分	
孔	7	$\phi33_{0}^{+0.033}$	8	超差 0.01 扣 4 分	
长度	8	$30_{-0.05}^{+0.05}$	6	超差 0.01 扣 3 分	
	9	$50_{-0.05}^{+0.05}$	6	超差 0.01 扣 3 分	
	10	$63_{-0.1}^{0}$	6	超差 0.02 扣 1 分	
	11	$80_{-0.1}^{0}$	6	超差 0.02 扣 1 分	
槽宽	12	4×1.5	2	超差 0.1 扣 1 分	
圆弧	13	2－R12	4	不合格不得分	
螺纹	14	M24×1.5	6	不合格不得分	
	15	M24×1.5	6	不合格不得分	
倒角	16	5－C1	4	不合格不得分	
表面粗糙度	17	Ra1.6	8	不合格不得分	
合计			100		

第四节　数控铣高级工试题

试题一　U 型凸台配合件编程与加工

一、零件图

U 型凸台配合件零件图如图 8－12 所示。

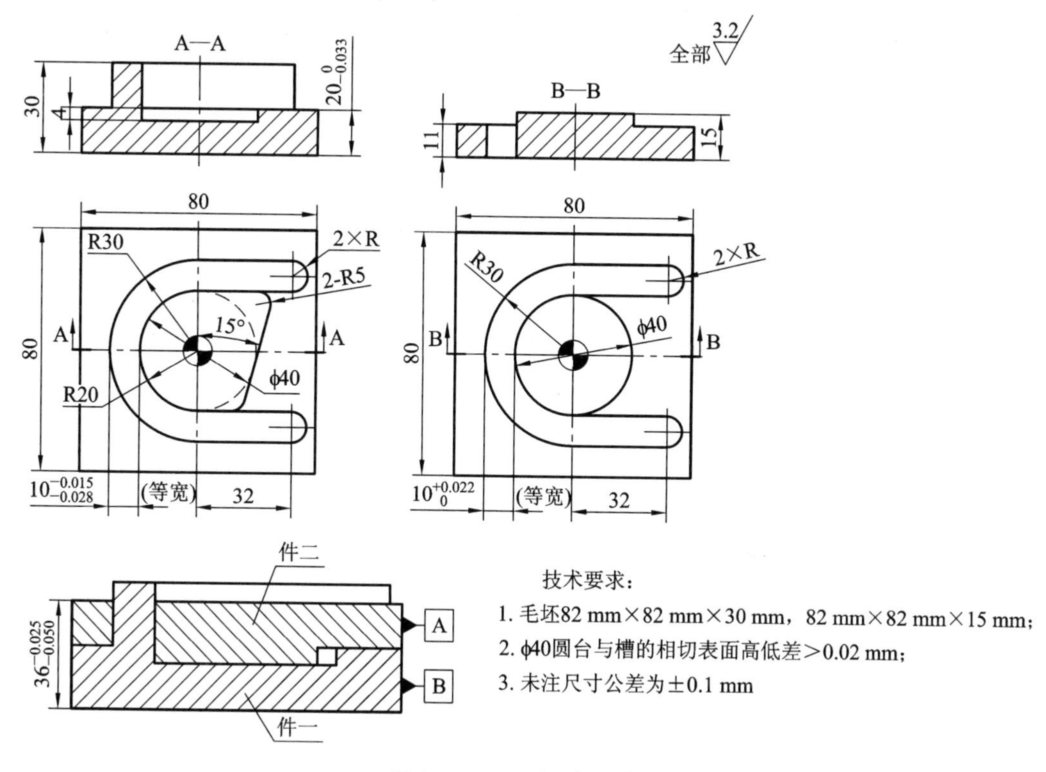

图 8-12　U 型凸台配合件

二、加工难点分析

零件加工数量为两件，配合精度要求高。U 型凸台应控制在尺寸下极限偏差值，U 型槽应控制在尺寸上极限偏差值。两件配合后高度应满足要求，这对工件装夹、平口钳的找正有很高的要求。要求工件应紧固在钳口内，与下方垫块接触不能有松动。

二、现场操作规范评分表

现场操作规范评分表如表 8-12 所示。

表 8-12　现场操作规范评分表

序号	项目	考核内容	配合	考场表现	得分
1	现场操作规范	正确使用机床	2		
2		正确使用量具	2		
3		合理使用刃具	2		
4		设备维护保养	4		
合计			10		

四、工件质量评分表

工件质量评分表如表 8-13 所示。

表 8 - 13　工件质量评分表

序号	考核项目	扣分标准	配分	得分
1	件二 80×80 正方形	允许误差±0.1，每超差 0.02 扣 2 分	6	
2	件二 U 形凸台	宽度每超差 0.01 扣 2 分	10	
3	中心线尺寸	中心线尺寸每超差 0.03 扣 1 分	4	
4	R10、R20、2 - R5 及直线组成的腔	总长 50 mm，R10，2 - R5，每超差 0.02 扣 1 分	4	
5	15°夹角	每超差 0.1°扣 1 分	2	
6	ϕ40 与 U 形凸台相切	相切不平每超过 0.02 扣 2 分	6	
7	凸台深度 4 mm	每超差 0.02 扣 1 分	4	
8	高度 $15_{-0.033}^{0}$	每超差 0.01 扣 2 分	6	
9	件一 80×80 正方形	允许误差±0.1，每超差 0.02 扣 2 分	2	
10	件一 U 形槽	宽度每超差 0.01 扣 2 分	10	
11	件一圆台	ϕ40 直径每超差 0.02 扣 1 分	4	
12	ϕ40 与 U 形槽相切	相切处表面高低差每超差 0.02 扣 1 分	4	
13	件一高度 11 mm	超差 0.07 全扣	2	
14	配合技术要求	高度 36 mm，每超差 0.01 扣 2 分	10	
15		A 面对 B 面平行度误差，每超差 0.01 扣 2 分	10	
16	粗糙度	加工部位 30%不达要求扣 2 分，75%不达要求扣 4 分，超过 75%不达要求全扣	6	
合计			90	

五、三维造型自动编程图

三维造型自动编程图如图 8 - 13 所示，请按要求进行造型并生成程序。

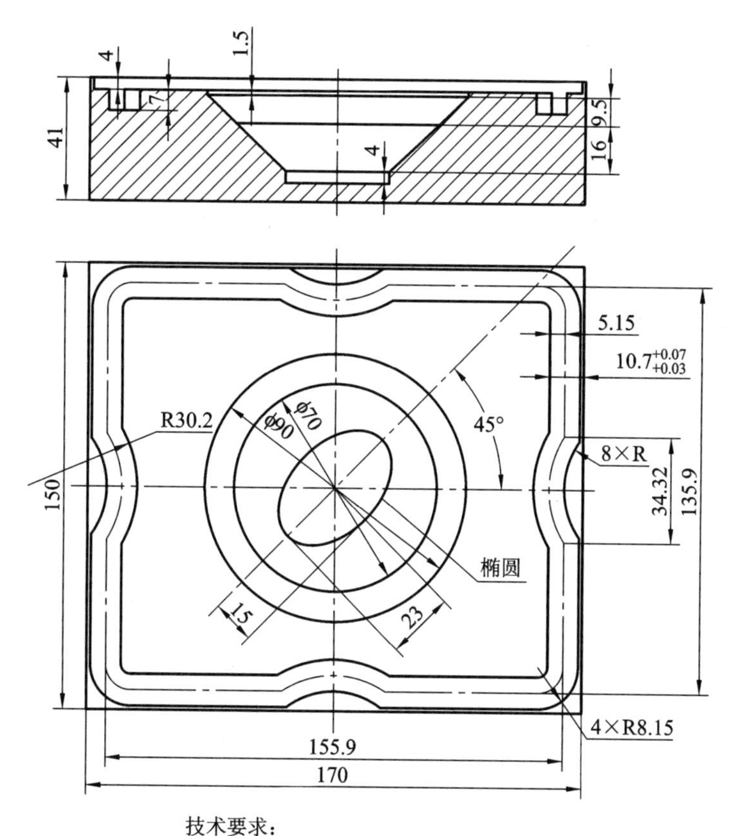

技术要求：

1. 未注公差全部±0.07；
2. 工艺外形170×150×41，不得再加工；
3. 四周槽内8个未注R是工艺圆角，加工过程由刀具直接形成；
4. 曲面表面加工高度≤0.01 mm

图 8－13　三维造型自动编程图

试题二　圆弧凸台配合件编程与加工一

一、零件图

圆弧凸台配合件零件图如图 8－14 所示。

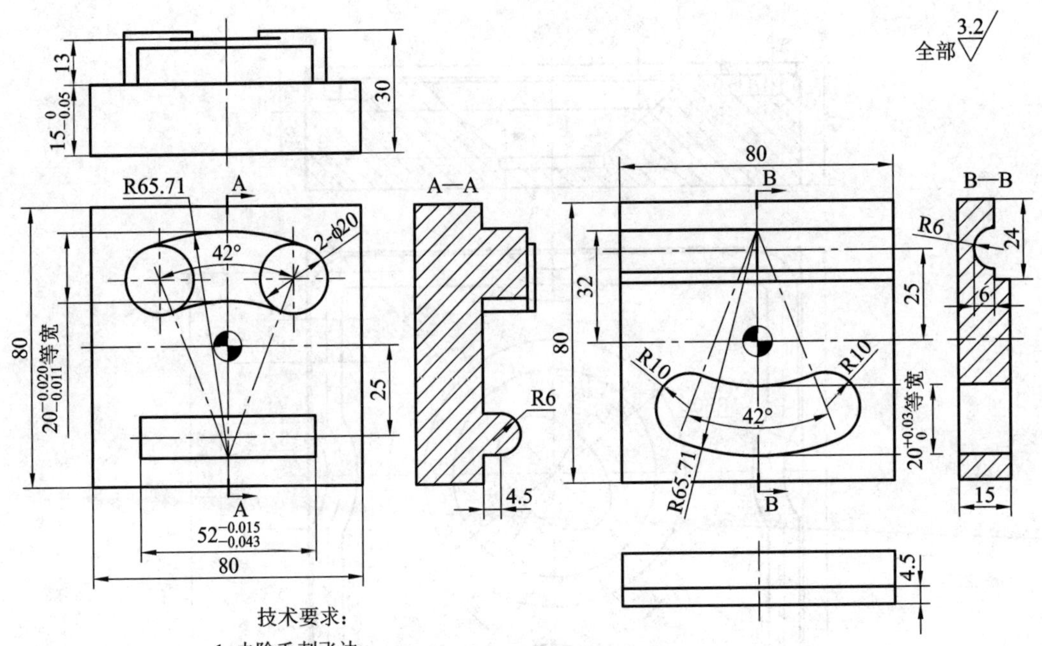

技术要求：

1. 去除毛刺飞边；
2. 2个ϕ20圆台与20等宽凸台相切处表面接痕不平<0.02 mm；
3. 未注尺寸公差为±0.1 mm

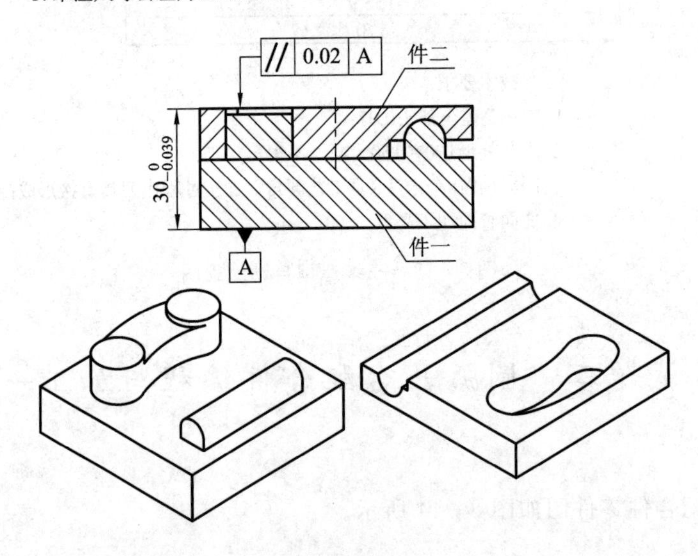

技术要求：

件一嵌入件二后，件一B面对件二A面的平行度误差≤0.03 mm

图 8-14　圆弧凸台配合件

二、加工难点分析

零件加工数量为两件，涉及圆弧曲面凸台与凹槽加工，编程难度大，手工编程需采用宏程序编制。两件配合后，面与面的平行度误差应小于 0.03 mm，这要求加工前平口钳的平行度误差控制在 0.01 mm 之内，工件应紧固在钳口内，与下方垫块应紧密接触不能有松动。

三、现场操作规范评分表

现场操作规范评分表如表 8－14 所示。

表 8－14　现场操作规范评分表

序号	项目	考核内容	配分	考场表现	得分
1	现场操作规范	正确使用机床	2		
2		正确使用量具	2		
3		合理使用刃具	2		
4		设备维护保养	4		
合计			10		

四、工件质量评分表

工件质量评分表如表 8－15 所示。

表 8－15　工件质量评分表

序号	考核项目	扣分标准	配分	得分
1	件二 80×80 正方形	允许误差±0.1，每超差 0.02 扣 2 分	6	
2	环形凸台 $20_{-0.041}^{-0.02}$	宽度每超差 0.01 扣 2 分	10	
3	中心线尺寸	中心线尺寸每超差 0.03 扣 1 分	4	
4	2－ϕ20	每超差 0.02 扣 1 分	4	
5	角度 42°	42°夹角每超差 0.1°扣 1 分	2	
6	ϕ20、R65.71 相切	与凸台相切不平每超过 0.02 扣 2 分	6	
7	ϕ20 凸台高度	深度 2 mm，每超差 0.02 扣 1 分	4	
8	高度 $15_{-0.05}^{0}$	高度每超差 0.01 扣 2 分	6	
9	件一 80×80 正方形	允许误差±0.1，每超差 0.02 扣 2 分	2	
10	件一 U 形槽	宽度每超差 0.01 扣 2 分	10	
11	件一环形槽 $20_{0}^{+0.03}$	每超差 0.02 扣 1 分	4	
12	ϕ20、R65.71 相切	与槽相切处表面高低差每超差 0.02 扣 1 分	4	
13	件一高度 15 mm	超差 0.07 全扣	2	
14	配合技术要求	高度 30 mm，每超差 0.01 扣 2 分	10	
15		件一 A 面对件二 A 面平行度误差，每超差 0.01 扣 2 分	10	
16	粗糙度	加工部位 30%不达要求扣 2 分，75%不达要求扣 4 分，超过 75%不达要求全扣	6	
合计			90	

五、三维造型自动编程图

三维造型自动编程图如图 8-15 所示，请按要求进行造型并生成程序。

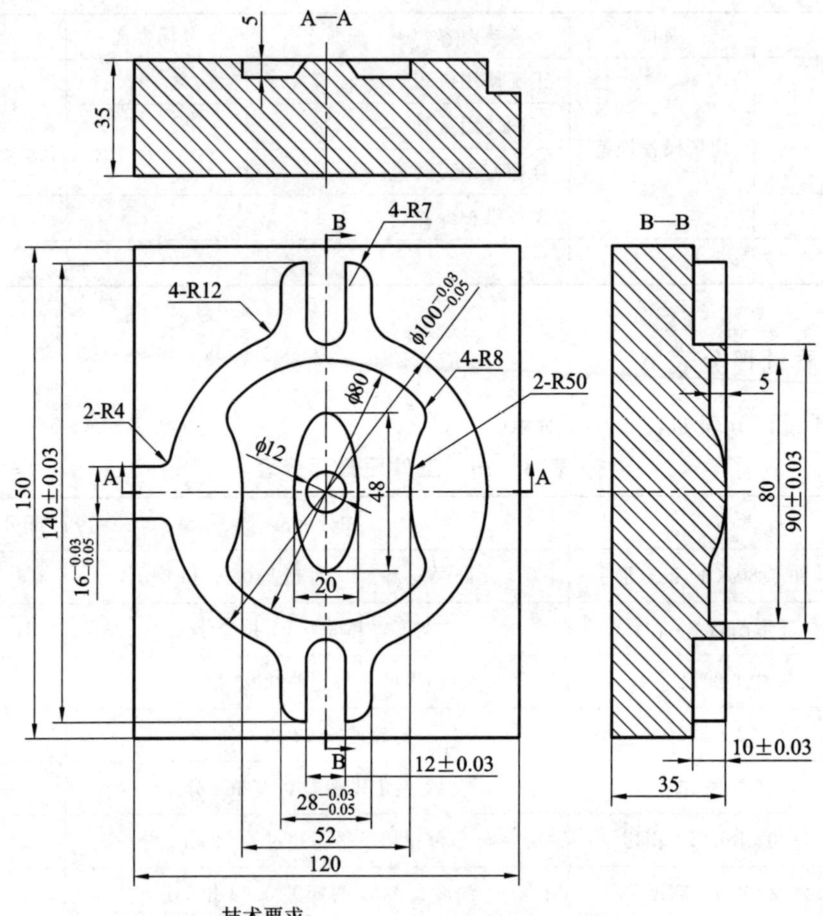

技术要求：

1. 毛坯尺寸150 mm×120 mm×35 mm，外形不得加工；
2. 未注公差尺寸，允许误差±0.07；
3. 曲面表面加工残留高度≤0.1 mm

图 8-15　三维造型自动编程图

试题三　圆弧凸台配合件编程与加工二

一、零件图

圆弧凸台配合件二零件图如图 8-16 所示。

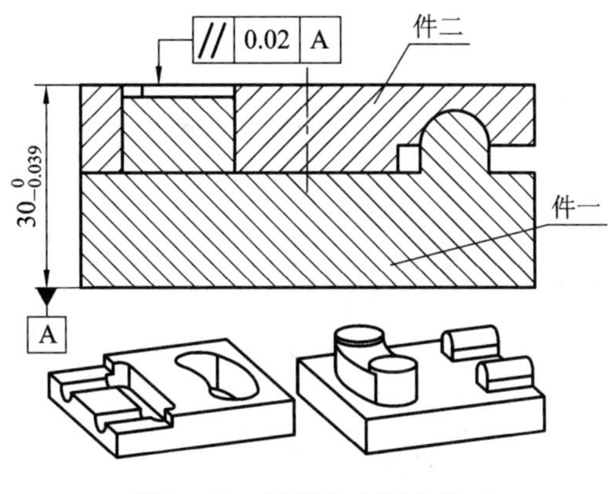

图 8-16　圆弧凸台配合件二

二、加工难点分析

零件加工数量为两件，涉及圆弧曲面凸台与凹台加工，编程难度大，手工编程需采用宏程序编制。两件配合后，面与面的平行度误差应小于 0.02 mm，这要求加工前平口钳的平行度误差控制在 0.015 mm 之内，工件应紧固在钳口内，与下方垫块紧密接触不能有松动。

三、现场操作规范评分表

现场操作规范评分表如表 8-16 所示。

表 8-16　现场操作规范评分表

序号	项目	考核内容	配合	考场表现	得分
1	现场操作规范	正确使用机床	2		
2		正确使用量具	2		
3		合理使用刃具	2		
4		设备维护保养	4		
合计			10		

四、工件质量评分表

工件质量评分表如表 8-17 所示。

表 8-17　工件质量评分表

序号	考核项目	扣 分 标 准	配分	得分
1	件二 80×80 正方形	允许误差±0.1，每超差 0.02 扣 2 分	6	
2	环形凸台 $20_{-0.041}^{-0.02}$	宽度每超差 0.01 扣 2 分	10	
3	中心线尺寸	中心线尺寸每超差 0.03 扣 1 分	4	
4	2-ϕ20	每超差 0.02 扣 1 分	4	
5	角度 42°	42°夹角每超差 0.1°扣 1 分	2	

续表

序号	考核项目	扣分标准	配分	得分
6	ϕ20、R65.71 相切	与凸台相切不平每超过 0.02 扣 2 分	6	
7	ϕ20 凸台高度	深度 2 mm，每超差 0.02 扣 1 分	4	
8	高度 $15_{-0.018}^{0}$	高度每超差 0.01 扣 2 分	6	
9	件一 80×80 正方形	允许误差±0.1，每超差 0.02 扣 2 分	2	
10	件一 U 形槽 10	宽度每超差 0.01 扣 2 分	10	
11	件一环形槽 $20^{+0.03}_{0}$	每超差 0.02 扣 1 分	4	
12	ϕ20、R65.71 相切	与槽相切处表面高低差每超差 0.02 扣 1 分	4	
13	件一高度 15 mm	超差 0.07 全扣	2	
14	配合技术要求	高度 30 mm，每超差 0.01 扣 2 分	10	
15		件一 A 面对件二 A 面平行度误差，每超差 0.01 扣 2 分	10	
16	粗糙度	加工部位 30%不达要求扣 2 分，75%不达要求扣 4 分，超过 75%不达要求全扣	6	
合计			90	

五、三维造型自动编程图

三维造型自动编程图如图 8－17 所示，请按要求进行造型并生成程序。

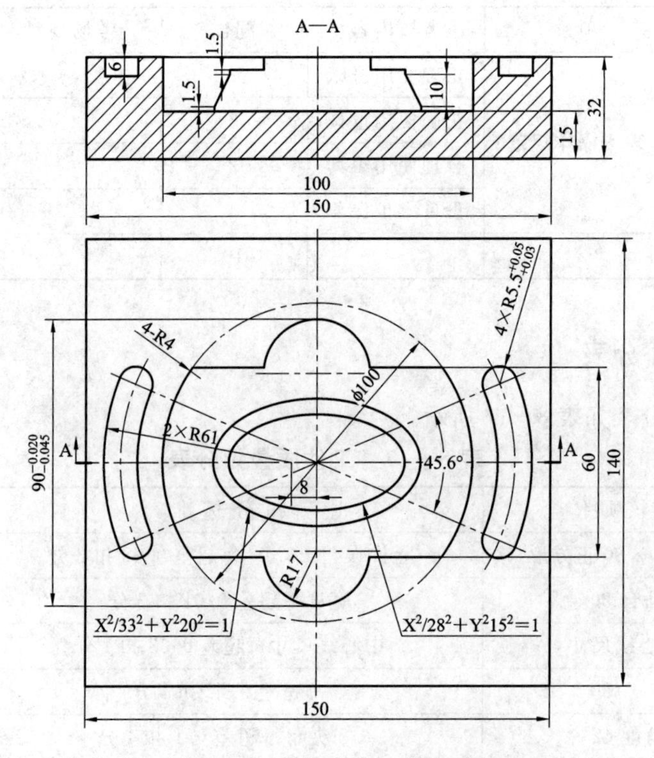

图 8－17 三维造型自动编程图

试题四　扇形凸台配合件编程与加工

一、零件图

扇形凸台配合件零件图如图 8－18 所示。

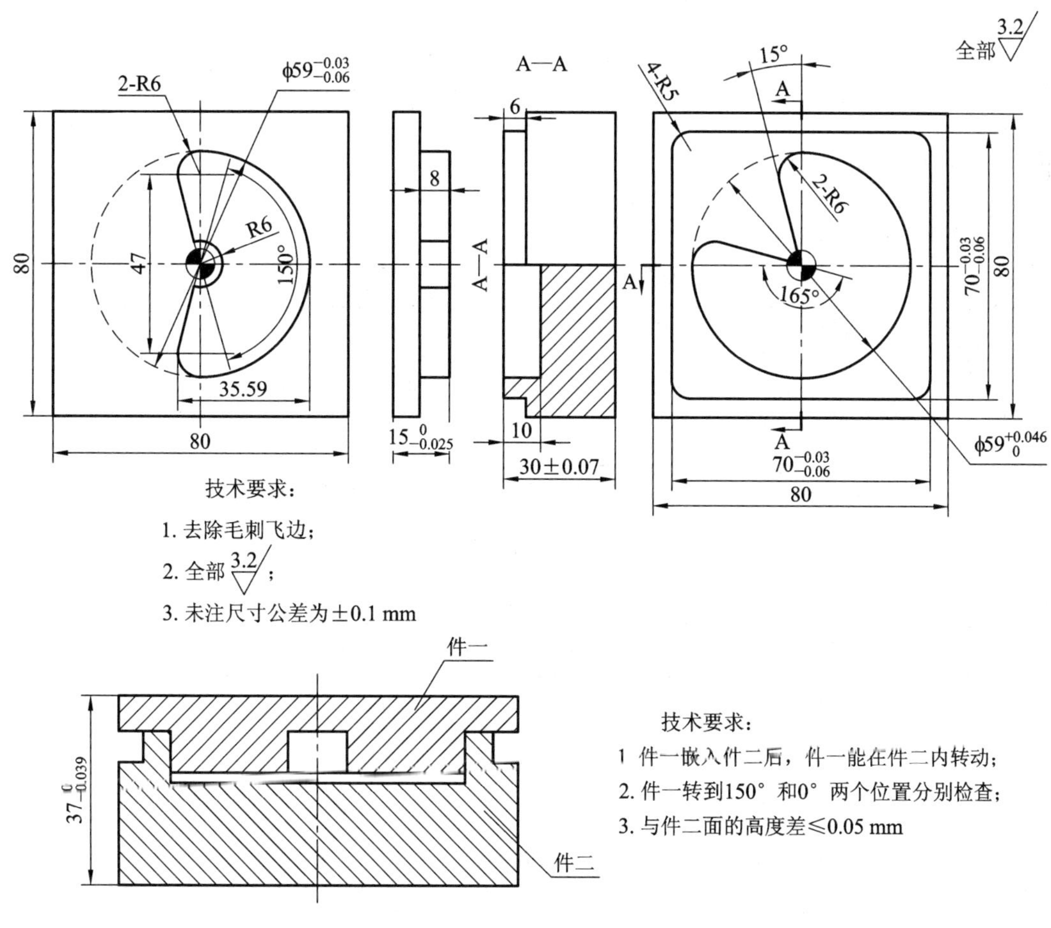

图 8－18　扇形凸台配合件

二、加工难点分析

零件加工数量为两件，两件配合后，件一面与件二面的高度误差应不大于 0.05 mm，加工前对零件找正精度要求高，同时平口钳的平行度误差控制在 0.015 mm 之内，工件应紧固在钳口内，与下方垫块紧密接触不能有松动。

三、现场操作规范评分表

现场操作规范评分表如表 8－18 所示。

表 8－18　现场操作规范评分表

序号	项目	考核内容	配合	考场表现	得分
1	现场操作规范	正确使用机床	2		
2		正确使用量具	2		
3		合理使用刃具	2		
4		设备维护保养	4		
合计			10		

四、工件质量评分表

工件质量评分表如表 8－19 所示。

表 8－19　工件质量评分表

序号	考核项目	扣分标准	配分	得分
1	件一 80×80 正方形	允许误差±0.1，每超差 0.02 扣 2 分	6	
2	扇形凸台 $\phi59^{-0.03}_{-0.06}$	宽度每超差 0.01 扣 2 分	10	
3	中心线尺寸	中心线尺寸每超差 0.03 扣 1 分	4	
4	2－R6	每超差 0.02 扣 1 分	4	
5	角度 150°	150°夹角每超差 0.1°扣 1 分	2	
6	ϕ59、R6 相切	与凸台相切不平每超过 0.02 扣 2 分	6	
7	ϕ59 凸台高度	每超差 0.02 扣 1 分	4	
8	高度 $15^{0}_{-0.025}$	高度每超差 0.01 扣 2 分	6	
9	件二 80×80 正方形	允许误差±0.1，每超差 0.02 扣 2 分	2	
10	件二扇形槽 10	每超差 0.01 扣 2 分	4	
11	70×70 外形	每超差 0.02 扣 1 分	10	
12	ϕ59、R6 相切	与槽相切处表面高低差每超差 0.02 扣 1 分	4	
13	高度 6 mm	超差 0.07 全扣	2	
14	配合技术要求	高度 37 mm，每超差 0.01 扣 2 分	10	
15		件一 A 面对件二 A 面平行度误差，每超差 0.01 扣 2 分	10	
16	粗糙度	加工部位 30%不达要求扣 2 分，75%不达要求扣 4 分，超过 75%不达要求全扣	6	
合计			90	

五、三维造型自动编程图

三维造型自动编程图如图 8－19 所示，请按要求进行造型并生成程序。

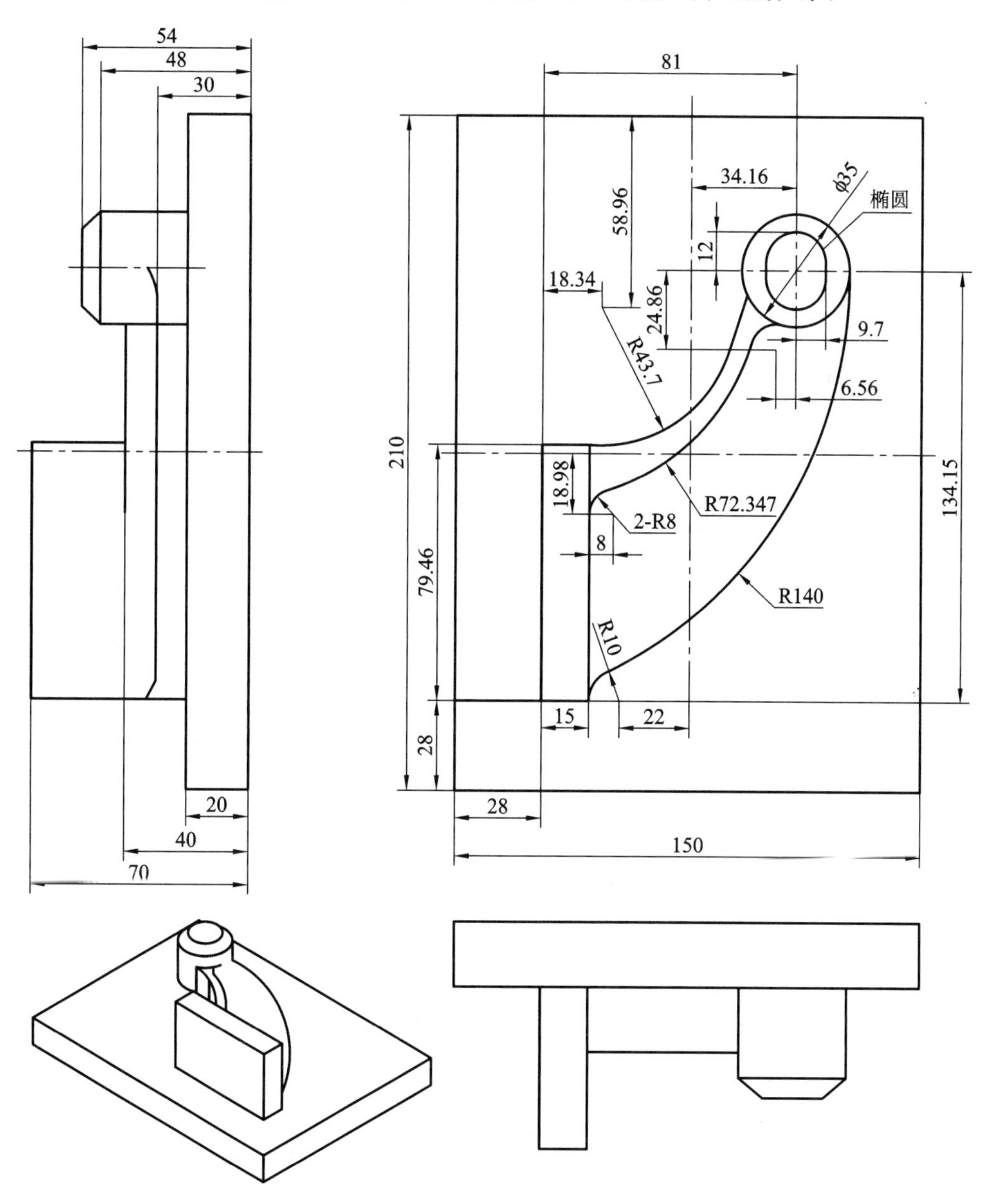

图 8－19　三维造型自动编程图

参考文献

[1] 龚仲华. 数控技术. 北京：机械工业出版社，2004
[3] 丰飞. 数控车床加工. 辽宁：大连理工出版社，2013
[4] 赵长明，刘万菊. 数控加工工艺与设备. 北京：高等教育出版社，2003
[5] 张君. 数控机床编程与操作. 北京：北京理工大学出版社，2011
[6] 人力资源社会保障部教材办公室. 数控加工工艺学. 北京：中国劳动社会保障出版社，2018
[7] 人力资源社会保障部教材办公室. 数控机床编程与操作(数控车床分册). 北京：中国劳动社会保障出版社，2018
[8] 人力资源社会保障部教材办公室. 数控机床编程与操作(数控铣床、加工中心分册). 北京：中国劳动社会保障出版社，2018
[9] 李佳. 数控机床及应用. 北京：清华大学出版社，2001